# 가족과 함께 떠나는
# 유럽 배낭여행

이 도서의 국립중앙도서관 출판시도서목록(CIP)은 서지정보유통지원시스템 홈페이지(http://seoji.nl.go.kr)와 국가자료공동목록시스템(http://www.nl.go.kr/kolisnet)에서 이용하실 수 있습니다(CIP제어번호: CIP2012003670)

# 가족과
## 함께 떠나는
# 유럽
# 배낭여행

이범구·예은영·이채은·이시현 지음

# Contents

: Europe

# 준비하기

# 여행은 의지가 반 준비가 반이다
## 휴가 내기 어려운 직장인들 특히 의지가 중요

여행처럼 사람을 설레게 하는 단어도 드물다. 어릴 때 잠 못 들게 했던 소풍도 따지고 보면 여행의 '콩트' 격 아닌가. 하물며 유럽여행이랴.

많은 사람들이 여행은 의지가 반이라고 했는데 다녀오고 나니 맥을 잘 짚은 표현이라는 생각이 든다. 어려운 일일수록 의지가 중요하지 않은 게 있을까마는 우리나라처럼 교육열이 높은 곳에서 아이들을 한 달이나 결석시키고 여행을 다녀오기란 쉽지 않을 것이다. 특히 직장인 가장이 한 달을 휴직하기란 더더욱 불가능에 가까울 것이다.

그러나 모르는 게 세상일인지라 뜻한 바가 있으면 기회는 꼭 오게 마련이다. 요즘은 회사들이 경비를 절약하기 위해 직원들에게 연월차를 쓰도록 권장하는 경우가 많다. 따라서 조금만 신경을 써서 자신의 연월차를 관리하면 20일 이상의 휴가를 내는 것도 가능하다. 4, 5개국은 충분히 돌아볼 수 있다는 얘기다.

40대 중반의 나이에 19년간 다닌 직장을 과감히 접고 퇴직금을 쪼개 유럽여행에 나서기로 했을 때 친지들의 충격과 걱정은 상상 이상이었다.

"건강 조심하고 잘 다녀오라"며 진심으로 걱정해준 가족들조차 속으로 나의 선택을 세상 물정 모르는 순진한 발상으로 여겼을 게 뻔한데 다른 사람들이야 오죽했을까.

하지만 거미줄 같은 관계망을 자랑하는 대한민국 사회에서 살면서 깨달은 것은 남의 눈 의식하다 보면 평생 거미줄에 갇혀 살게 된다는 것이다. 그래서 과감한 결정을 내렸다.

너무 서둘러 결정을 내리다 보니 준비가 안 되어 정말 황당한 경우를 여러 번 당하기도 했다. 기차 예약을 안 해 이틀이나 더 머문 경우도 있었고, 기차 시간에 늦어 배낭을 메고 캐리어를 끌면서 수백 미터를 달려야 했던 적도 많았다. 저가 비행기를 계획했다가 예약을 미루는 바람에 너무 비싸져 포기했고, 빈대 소굴에서 뜬눈으로 밤을 새우기도 했다. 페리를 탔다가 안개에 갇히는 바람에 무려 5시간이나 지체되어 새벽 2시에 지하철역에서 택시를 기다려야 했던 적도 있었다.

외국인들은 사진을 찍을 때 다리가 잘려 나오지 않게 한다. 대신 건물을 자른다. 그래서 꼭 다리는 잘려 나와도 되니 건물이 나오게 해달라고 부탁해야 한다.

하지만 돌이켜보면 잘한 선택이라는 생각이 든다. 특히 아이들이 그토록 멋지다고 감탄하던 분당 요한 성당을 시시하게 생각할 만큼 견문을 넓힌 게 가장 큰 소득이었다. 기자랍시고 야근에 술에, 애들과 놀아주지 못하는 것을 당연하게 생각했는데 이번에 약간의 빚을 갚았다는 생각이다.

이 험한 세상에 참 늘어진 팔자라고 생각하는 사람도 많을 것으로 알지만, 선택은 어차피 개인의 몫이다. 그리고 그 선택이 약이 될지 독이 될지는 두고 봐야 아는 것이다. 물론 대부분의 실천은 독보다는 약이 된다는 사족을 달아두고 싶다.

모든 준비를 나에게 맡겨놨다 여행 도중 너무나 부실하다는 깨달음을 얻고 앞장서서 의식주를 해결한 아내에게 감사한다. 더구나 귀국 전날 유레일패스가 만료된 줄 모르고 마드리드행 기차를 타려다 제지당하는 과정에서 보여준 아내의 돌파력은 새삼 존경스러웠다. "예약은 그럼 왜 받아줬냐"고 아내가 문제를 제기하자 역무원들은 "다음부터는 꼼꼼히 확인하라"며 유레일패스를 인정해줬다. 아내는 정말 강했다.

새 출발을 하는 우리 가족을 격려하고 응원해준 친지들께 이 책을 바쳐 그동안 끼친 심려의 10분의 1이라도 덜고자 한다.

## 가족여행 준비는 이를수록, 철저할수록 좋다
### 출장여행과 달라 경험 많다고 자만하면 가족 고생은 필연

여행을 떠나려면 의지가 필요하다고 했다. 하지만 의지만 갖고는 20%가 부족하다. 혼자 여행할 때와 가족이 여행할 때는 엄청난 차이가 있기 때문이다. 유럽이나 미주 출장을 다녀본 많은 직장인이 '대충 하면 되겠지' 하고 자만에 빠지기 쉬운데, 그러면 상당한 고생과 후회를 부를 뿐이라는 게 내 경험이다. 가족과 함께 다니는 것은 전혀 다른 차원의 노하우를 필요로 한다. 물론 여행사를 통한 단체여행은 예외다.

유비무환이라고 했다. 최소한 준비는 3, 4개월 전에 해야 한다. 만약 성수기라면 비행기 좌석 확보가 쉽지 않으니 6개월 전쯤 알아보는 것이 좋다. 특히 자녀가 중학생 이상이어서 방학 때만 시간이 나는 경우에는 더 일찍, 더 철저히 서두르고 준비해야 한다. 준비가 편할수록 현지에 가서 더 고생한다고 보면 된다. '난 그냥 현지에서 부딪칠래'라는 생각은 체력 좋고 고생을 낙

으로 생각하는 20대 배낭여행자한테나
통하는 말이다.

제일 먼저 휴가 일수에 맞게 여행지를
고르자. 휴가 일수에 제한이 있는 우리나
라에서는 여행기간이 첫째 고려사항인
경우가 태반이다. 여행지를 정하는 방법
은 자신이 평소 가고 싶었던 나라를 먼저

**외국 관광지 여행안내소에 비치된 책자** 의외로
국내에 알려지지 않은 내용도 꽤 있다.

고른 뒤 인터넷 유럽여행 커뮤니티 인터넷에서 검색해보면 '유랑', '유빙', '아이와 함께 여행
을' 등 10여 개가 검색된다 나 도서관에 비치된 책자를 참고해 정확한 일정과 여정을
짜면 된다.

참고로 우리 가족은 도서관에서 유럽국가가 소개된 여행책 10여 권을 빌
리고 인터넷 커뮤니티를 참고해 일정을 짰다. 또 항공권을 예약한 여행사로
부터 민박이나 교통수단, 동선 등의 정보를 얻었다. 동선이 중요한 이유는
영국을 중간에 넣으면 유로스타라는 값비싼 고속철을 두 번이나 이용해야
하기 때문이다.

일정을 짤 때 고려해야 할 것도 한두 가지가 아니다. 여행 목적이 아이들
에게 박물관이나 미술관을 보여주는 건지, 아니면 수려한 관광지를 보여주
는 건지, 그도 아니면 음악회나 뮤지컬 등을 관람시키려는 건지를 명확히 해
야 한다. 물론 대부분이 이 세 가지를 고루 섞어 여행계획을 짜는데, 특히 미
술관이나 박물관을 보려면 하루가 그냥 다 지나가기 때문에 무리하게 일정
을 짜면 이도 저도 아니게 된다. 우리 가족은 프랑스에서 오르세 미술관 3번,
루브르 박물관 2번 그밖에 오랑주리 미술관, 로댕 미술관 등을 도는 데 꼬박

5일을 썼다. 특히 아이들은 미술관이나 박물관 도는 것을 금세 지겨워하기 때문에 군데군데 재미있는 코스를 잡고, 맛있는 음식을 먹여 부추겨야 한다.

또 여행하다 보면 한 나라라도 더 보려고 일정을 무리하게 짜기 십상인데 도장만 찍고 지나가느니 여유 있게 즐기면서 꼭 볼 것은 보고 가는 것이 좋다. 돈이 아깝다고 밖에서 사진만 찍고 가기도 하는데, 이 경우 여행을 끝내고 집에 와서 반드시 후회하게 된다. 물론 우리 가족도 '언제 또 간다고 고작 10만 원 때문에 거길 그냥 지나왔지'라며 가슴을 쳤다.

## 기간과 여행지가 결정되면 이제 교통편 준비
### 유레일패스, 저가항공, 호스텔 등도 천차만별

목적지에 도착하면 역에서 가장 먼저 지도를 챙겨야 한다. 정말 요긴하게 쓰인다. 한국에서 관광지도를 챙겨 가면 더욱 편리하다

여행지를 정하고 일정을 짜고, 비용도 대충 책정했다면, 이제 본격적인 준비에 들어갈 차례다. 먼저 항공권과 유레일패스를 끊고, 동선에 맞게 숙소를 물색해야 한다. 중간에 먼 거리를 이동하는 경우가 꼭 있게 마련인데 야간열차만 고집하다 보면 피곤해서 다음 일정에 차질이 빚어질 수 있으니 저가항공편도 함께 알아보는 것이 좋다. 저가항공이나 야간열차 이용방법은 뒤에 자세히 설명하겠지만, 먼저 밝혀두자면 하나도 어렵지 않다는 것이다. 사람 사는 것은 다 비슷

하다. 정말 헷갈린다면 표를 들고 플랫폼에 서 있는 역무원에게 가면 다 알아서 안내해준다. 개중에 퉁명스러운 사람도 있었지만 대부분은 친절하게 안내해 줬다.

　항공권은 굳이 설명이 필요 없을 것 같으니 바로 유레일패스로 넘어간다. 유레일패스는 유럽연합이 관광객들에게 교통편의를 제공하기 위해 마련한 한마디로 저렴한 고속철 우리나라로 치면 고속철과 새마을호 승차권이라고 보면 된다. 우리 생각에 거의 항공권과 맞먹는 가격이지만 현지에서 그때그때 기차표를 사면 서너 배에 가까운 돈이 날아간다고 봐도 무리가 없다. 그러니 유레일패스는 반드시 사는 것이 좋다.

　유레일패스는 15일짜리부터 21일, 1달, 2달, 3달짜리가 있다. 또 1, 2등석으로 나뉘어 있고 일반 normal 또는 global, 플렉시 flexi, 셀렉트 select 패스로 구분된다. 일반은 정해진 기간 동안 유럽 21개국을 무제한으로 돌아다닐 수 있고, 플렉시는 자기가 정한 날만 쓰는 패스다. 예를 들어 10일짜리 플렉시패스를 끊고 4월 1일 개시 첫 사용 했다면, 두 달 내 자기가 원하는 날짜로 10일간 이용이 가능하다. 셀렉트패스는 인접한 3~5개국을 이용하는 패스다. 플렉시, 셀렉트 모두 일반보다 싸다.

　좀 더 자세히 알고 싶다면 유레일 홈페이지 www.eurail.co.kr 를 참조하거나 항공권을 끊을 때 담당자에게 직접 물어보면 된다. 우리 가족은 항공권을 끊을 때 유레일패스를 함께 끊었다. 시간에 여유가 있는 경우에는 할인행사를 기다리거나 여행사이트를 통해 단체 구입에 참여하면 좀 더 싸게 구입할 수 있다.

　유레일패스를 끊으면 장점이 한두 가지가 아니다. 발길 닿는 대로 이동이

가능하고, 행어 계획과 달리 국가를 변경하더라도 아무 부담이 없다. 단 하나 예약비 reservation fee 로 1인당 몇 유로에서 40유로씩 받아 챙기는 것에는 조금 짜증이 났다. 특히 이탈리아는 완행열차까지도 예약비를 내고 타야 했다. 예약비를 내고 안 내고는 유럽 기차 시간표에 자세히 나와 있으므로 정 예약비를 내기 싫은 사람은 한 번에 가는 편안함을 포기하고 예약비가 없는 기차로 두세 번 갈아타고 가면 된다. 우리 가족은 실제로 이렇게 여행하는 대학생을 본 적도 있다.

이러려면 유럽 전체 기차 시간표가 나와 있는 책을 별도로 구입해야 한다. 여행사에서 제공하는 유레일 시간표는 고속철만 표시되어 있어 예약비가 필요 없는 기차를 알 수가 없다. 유레일 시간표가 나와 있는 책을 구입하지 못했다면 기차표를 끊거나 예약할 때 예약비가 없는 기차를 알려달라고 하면 된다. 유레일은 예약이 필수이며, 예약비를 내야 하는 기차는 시간표에 R로 표기돼 있고 대부분 고속철이다.

## 숙소는 호텔, 민박, 호스텔을 적절히 섞어서
### 민박은 편하지만 여행의 긴장감을 뺏는 게 단점

유레일패스와 관련해서 한 가지 더 짚고 넘어가자면, 시간을 아낀다고 야간열차를 고집하면 안 된다는 것이다. 앉은 자세로 10시간을 넘게 간다는 것 자체가 무리인 데다 몸이 피곤해지면 다음 날 일정 역시 무리가 생긴다. 밤 동안 이동해 관광시간을 벌겠다는 계획이 오히려 독이 될 수도 있다.

좀 더 편하게 가기 위해 쿠셋 <sub>간이침대</sub>칸 이나 침대칸을 구하게 되는데, 이 경우에는 유레일패스가 있더라도 만만치 않은 추가요금을 내야 한다. 우리 가족은 두 번의 야간열차를 탔는데 처음에는 침대칸, 두 번째는 쿠셋이었다. 침대칸은 아침식사까지 제공해줘 신기하고 좋았는데 두 번째 야간열차는 솔직히 힘들었다.

이탈리아 로마의 한국인이 운영하는 민박집 벽에 빼곡히 붙어 있는 감사편지와 사진들

기차 얘기는 마치고 숙소로 넘어가자. 숙소에는 호텔, 호스텔, B&B, 민박 등이 있다.

여기서 말하는 호텔은 당연히 저가호텔이다. 노보텔, 이비스, 에탑, 메르쿠르, 포뮬 1, 트래블로지 등 무수히 많다. 운이 좋으면 1박에 30, 40유로짜리도 있다. 물론 비수기 때 그것도 몇 개월 전에 예약할 경우 해당되는 말이다. 앞서 말했듯이 미리미리 준비하면 숙박비나 저가항공료를 거의 덤핑 수준으로 해결할 수 있다. 이 경우 여행 일정이 제한된다는 단점이 있지만, 정 여행지를 바꾸고 싶다면 까짓 예약비 정도는 날려도 된다.

호스텔은 천차만별이다. 아침을 주는 곳이 있고 안 주는 곳이 있다. 부엌이 있어 조리가 가능한지, 세탁기가 있는지, 인터넷을 쓸 수 있는지, 지하철역과 가까운지, 우범지대에 있지는 않은지 하나부터 열까지 점검해야 한다. 웬만한 호스텔은 홈페이지가 있고 여행 후기가 있으므로 이를 참조하면 된다. 특히 부엌이 있다면 아침을 주지 않더라도 직접 슈퍼에서 구한 재료로 해결하면 되므로 엄청 편리하다. 비용이 절약되는 것은 물론이고 모자란 야채, 고기 등 먹고 싶은 것을 저렴한 가격에 포식할 수 있다. 더구나 라면을 제대로 끓여 먹을 수 있다는 것은 대단한 행운이다.

B&B는 침대와 아침식사 Bed & Breakfast 의 약자다. 잠자리와 아침을 준다는 말이다. 아침이 나오는 호스텔이라고 보면 될 듯 싶다. 이탈리아에서 B&B에 묵었는데 호스텔보다는 수준이 떨어졌다. 나중에 이탈리아 편에서 이 B&B에서 겪었던 악몽을 자세히 소개하겠다.마지막으로 한인 민박이 있다. 민박은 장점과 단점이 극과 극이다. 김치, 닭찜, 삼겹살, 라면, 잡채, 갈비 등 여행지에서 도저히 엄두를 낼 수 없는 음식이 매일 나온다. 점심 도시락까지 싸주는 민박도 있다. 한국으로 인터넷전화를 걸 수 있고, 다양한 사람들로부터 요긴한 여행정보를 얻을 수도 있다.

이쯤 되면 유럽으로 여행 온 건지 국내 여행을 하는 건지 헷갈릴 정도다. 이게 바로 민박의 최대 단점이다. 여행지로부터 얻을 수 있는 긴장감이 완전히 사라진다. 물론 사람마다 다르겠지만 내 경우 민박만 고집한다면 유럽여행은 반쪽짜리 여행이 될 수밖에 없을 것으로 확신한다.


## 일주일 전부터는 비용과 준비물 최종 점검
**얼마를 써야 할지, 어떻게 쓸지 충분히 검토해야**


숙소는 예약했다 도착 며칠 전에만 취소해도 전액 환불해주니 예약해 놓는 게 유리하다. 인터넷이나 여행책을 통해 얻은 정보로 숙소예약도 완료되었다면 일주일 전부터는 전체적인 계획을 최종 점검해야 한다. 우리 가족처럼 일찌감치 여행계획을 짜놓고는 '플랜 B' 계획에 차질이 빚어질 경우 쓸 대체 계획 도 마련하지 않은 채 여유를 부리면 꼭 후회하게 된다. 당시 뭘 믿고 그렇게 여유를 부렸는지 지금 생각해도 모르겠다. 영어를 잘하는 아내를 너무 믿었던 것은 아닌지 모르겠다.

짐을 다 쌌다면 마지막으로 다시 한 번 전체적인 여행 일정을 점검해야 한다. 여행의 묘미 중 하나가 비예측성이다. 반드시 계획한 대로 진행되지 않는다는 것이다. 이게 싫어 단체여행을 가는 사람도 있지만, 이러한 돌발 상황이 없다면 여행 후 도대체 어떤 추억이 남을까 의심스럽다. 남들과 똑같은 데 가고, 똑같은 데서 사진 찍고, 똑같은 음식을 먹고 온 여행담을 누가 귀 기울여 들어주겠느냐는 말이다.

우리 가족을 예로 들어보겠다. 우리 가족은 31박 32일 동안 1,850만 원 정도 아내 시계를 빼면 1,700만 원대 를 썼다. 알뜰족보다는 많이 썼지만 그렇다고 낭비한 액수도 아니다. 나름 아껴 썼다고 생각한다. 하지만 효율적이지는 못했다. 유적지나 박물관 중 입장료가 비싼 곳은 몇 군데 지나쳤기 때문이다. 지금 생각엔 이보다 몇 백만 원은 더 써서 볼 것 더 보고, 먹을 것 더 먹었어야 했다.

하지만 걱정이 대부분 필요 없듯이 후회도 소용없다. 준비와 공부가 부족했음을 탓한 뒤 다음번 여행 때 똑같은 실수를 되풀이하지 않으면 된다.

먼저 경비를 열거해보면 항공권 400만 원 어른 2명, 어린이 만 12살과 8살, 유레일 패스 320만 원, 런던~파리 유로스타표 46만 원 등 교통비가 766만 원이었다. 런던~파리 유로스타는 유레일패스와 별도로 제값 다 주고 끊어야 한다. 단

**유로화 동전** 동전의 앞면은 발행하는 나라마다 달랐다. 물론 숫자가 있는 뒷면은 같다.

오전 5 · 6시, 오후 7 · 8시는 할인이 되어 우리는 오후 7시 편을 이용했다. 숙박비는 첫 기착지인 런던 트래블로지 호텔 4박 5일 77만 원, 프랑스 노보텔 7박 8일 130만 원 등이었다.

다시 말해 여행을 떠나기 전 교통비와 2개국 숙박비로 973만 원을 선결재했다. 나머지 900만 원은 하루 40만~50만 원 꼴로 나눠 쓰면 될 것으로 판단했다. 하루 숙박비 100유로 16만 원, 먹는 것 150유로 24만 원, 관광비 50유로 8만 원 정도로 책정했다. 아내와 나는 이를 위해 1,000만 원이 입금된 체크카드 2개를 발급받아 각각 소지했다.

이 액수는 대충 들어맞았지만, 상당수의 저녁 끼니를 샌드위치나 봉지 라면으로 때웠기에 가능한 금액이었다. 특히 군대에서나 먹었던 봉지 라면 끓는 물을 봉지에 넣어 데워 먹는 라면 을 아이들이 맛있게 먹는 모습을 보고 속으로 여러 번 못난 아빠임을 자책했다. 하지만 너무 맛있어 잠시 후 아이들과 경쟁하면서 라면을 먹는 나 자신을 보고 어이없어했던 기억이 지금도 선명하다.

또 대형슈퍼를 이용하는 것도 비용을 절감하는 방법이다. 우리 가족은 모자란 비타민을 보충하기 위해 슈퍼에서 당근, 오이, 사과, 바나나, 포도 등을 주기적으로 사 들고 다니면서 먹었다. 또 잼과 빵, 요구르트, 소시지, 감자 으깬 것도 많이 먹었다.

그러나 이렇게 비용을 아껴 많이 돌아다녔지만, 솔직히 너무 비싼 입장료는 억울한 감이 없지 않았다. 물론 짧은 생각이었다.

# 이틀 전부터 여행가방을 싸자
## 현지에서 구할 수 없는 것만 가볍게 준비

출발 2, 3일 전부터는 여행가방에 준비물을 차곡차곡 쌓아야 한다. 하나하나 여행지에서 요긴하게 쓰일 것이므로 허투루 준비했다가는 낭패를 보기 십상이다.

여행가방을 쌀 때 명심할 것은 되도록 가볍게 준비해야 한다는 것이다. 아이들 가방까지 보통 3개씩 들고 기차 시간에 맞춰 뛰어야 하는 경우를 상상해보면 왜 짐을 가볍게 싸야 하는지 이해가 갈 것이다. 가방 싸는 요령은 트렁크 1개와 배낭 3개, 또는 트렁크 2개와 배낭 두세 개가 적당하다. 개수가 더 늘어나는 것은 다루기 불편해 피하는 것이 좋다. 짐 개수가 적으면 유인라커 사람이 있는 짐 보관소로 개당 얼마 하는 식으로 보관료를 받는다 에 짐을 맡길 때 비용이 덜 든다. 부부가 트렁크와 배낭 하나를 책임지고 애들이 배낭을 하나씩 메면 된다.

이제 내용물을 살펴보자. 우리 가족이 준비한 내용물을 다음과 같다.

우선 각자의 여권, 유레일패스, 항공권, 파카, 점퍼, 긴 소매 옷 3벌, 면 티셔츠, 바지 3벌, 트레이닝복, 운동화 2켤레, 속옷 4벌, 양말 4켤레, 모자, 털모자, 장갑 융프라우 등산용 등을 준비했다. 그다음으로 가족 공동으로 준비한 것은 관광책자, 유레일 시간표, 트렁크 3개, 배낭 3개, 허리가방 4개, 복대 3개 여행사 제공, 비타민, 영양제, 연고, 일회용반창고, 소화제, 진통제, 카메라, 녹음기, 망원경, 스위스 아미 나이프, 우산 2개, 아이용 비옷 2벌, 라면 20개, 즉석밥 10개, 고추장, 김 등이다. 현지에서 산 것은 카메라용 메모리칩 3개, 종이 접시 한 묶음, 포크, 청바지 1벌 등이다.

반면 챙기지 못한 것도 많았다. 노트북, 커피포트, 설거지 도구, 젓가락, 숟가락, 유럽 전체 기차 시간표 고속철 외 일반열차 시간표까지 나와 있는 것으로 예약비를 아끼는 데 도움이 된다, 실내화, 수건 민박집은 수건을 제공하지 않는다 등이다.

이 중 노트북을 가져가지 않은 것을 제일 많이 후회했다. 인터넷 예약과 사진저장, 이메일 등으로 친지나 친구들과 연락 기능을 수행해줄, 이 훌륭한

**챙겨 가면 유용한 것들** 상비약, 칼, 일회용 반창고, 커피포트, 노트북, 챙 있는 모자, 카메라, 후드티.

도구를 놔두고 갔다니 지금 생각하면 그저 놀라울 뿐이다. 지금은 스마트폰이 있지만 그래도 노트북의 효용은 여전하다는 생각이다. 노트북 없이 다니는 바람에 가끔 예약이 펑크 나고 여행지에서 되돌아가는 등 톡톡히 대가를 치렀다.

커피포트도 웬만하면 챙겨 가는 것이 좋다. 라면을 제대로 끓여 먹을 수 있다는 장점이 첫째요, 수시로 뜨거운 물을 얻으러 다니지 않아도 된다는 게 두 번째 장점이다. 스위스의 한 호스텔에서는 부엌이 없어 1층 식당에서 뜨거운 물을 얻어 차도 마시고 일회용 식품도 데워 먹곤 했다. 특히 그곳은 난방을 제대로 안 해 10월 하순이었는데도 서로 꼭 끌어안고 자야만 할 정도로 추워 아내가 이내 감기에 걸리고 말았다. 당연히 수시로 뜨거운 물이 필요해 부탁했더니 나중에 귀찮아해 싸우고 말았다. 홈페이지에는 분명 1층 식당 부엌을 이용할 수 있다고 되어 있었다.

커피포트의 장점은 무엇보다 라면을 끓여 먹을 수 있다는 것이다. 일반 크기의 커피포트면 라면 2개를 끓여 먹을 수 있다. 또 뜨거운 물로 즉석밥도 웬만큼 데울 수 있어 한 끼를 해결하는 데 그만이다. 당연히 설거지 도구도 반드시 갖고 다녀야 한다.

# 출발 하루 전날 오후부터 가방 싸기 시작

## 늑장 부린 대가로 출발부터 허둥지둥 혼란

우리는 대단한 가족이다. 내일 출발인데 짐을 전날 오후 8시부터 싸기 시작했다. 그래서 한때 이 책의 제목을 '굼벵이 가족의 여유만만 유럽여행기'라고 지으려고 했다. 오래가지 않아 포기했지만.

트렁크 3개를 꺼내고 배낭도 3개를 준비했다. 하나는 아내가 처녀 때 마련한 등산용 배낭이고, 나머지 둘은 근교 하이킹용으로 부피가 별로 크지 않았다. 어차피 하나는 내가 메고 둘은 아내와 큰딸이 멜 것이므로 적당하다는 생각이었다. 그리고 개인용 허리가방도 4개를 준비했다.

짐을 싸면서 나는 아내에게 될 수 있는 대로 적게 싸라고 말했다. 여행책마다 짐을 적게 싸야 이동하는 데 편리하다는 충고를 빼놓지 않았기 때문이다. 나 역시 신문사 체육부에 있을 때 출장을 많이 다녀봐서 어두운 색 계통의 겉옷만 있으면 속옷과 양말은 두 벌씩만으로도 충분히 버틸 수 있다는 걸 잘 알고 있었다. 속옷은 저녁때 빨아 널어놓으면 아침이면 마르고, 양말도 특별히 두껍지 않으면 역시 잘 마르기 때문이다.

그래서 의류는 최소한도로, 그것도 따뜻하면서 잘 마르는 등산복 위주로 준비했다. 여기에 스위스 융프라우 관광을 위해 털모자와 장갑을 따로 준비했다. 신발은 운동화와 비 올 때 신을 캐주얼화 등 2켤레를 준비했다.

그 외 일기용 노트 4권, 수첩, 녹음기, 망원경, 스위스 아미 나이프, 상비약을 준비했다. 그리고 항공권과 유레일패스를 끊은 여행사에서 준 복대, 유레일 시간표, 관광책자를 챙겼다.

비가 올 경우나 남은 음식물을 챙기기 위해 비닐팩 10여 장과 지퍼백 10여 장을 별도로 준비했다. 옷가지들은 가정에서 쓰는 20리터 용량의 종량제 쓰레기봉투에 나누어 담았다. 아이들은 따로 연필통과 런던, 파리 등에 관한 어린이용 안내책자를 챙겼다.

여권과 카드 복사본 여권분실을 대비해 미리 준비해야 한다.

가방이 크지 않다 보니 옷가지와 신발만 챙겼는데도 트렁크가 비명을 질렀다. 짐 싸는 데만 거의 7시간이 걸려 새벽녘이 되어서야 짐을 완전히 꾸릴 수 있었다. 짐 싸기가 얼핏 쉬워 보이지만 절대 그렇지 않다.

끝으로 여권과 유레일패스, 런던 호텔 예약권, 파리행 유로스타 예약권, 프랑스 호텔 예약권, 융프라우 등산 기차 할인권, 유럽 여행책자를 챙겨 넣었다. 여권을 잃어버릴 것에 대비, 여권 복사본과 여권용 사진도 따로 챙겼다. 이걸 챙겨놓으면 현지 대사관에서 바로 여권을 발급받을 수 있기 때문에 여권을 분실해도 크게 걱정하지 않아도 된다. 단, 반드시 여권이 든 가방과 따로 보관해야 한다.

낮 1시 55분 비행기를 타려면 성남 분당에서 오전 9시 30분 버스를 타면 되겠다 싶어 두 시간 정도 눈을 붙이기로 했다. 설핏 잠이 들었다 싶은데 자명종이 군대 기상나팔보다 더 시끄럽게 울어댔다. 눈을 비비고 일어나는 아이들에게 미리 챙겨놓은 옷을 입히고 아침을 먹은 뒤 마지막으로 집 안 점검을 했다.

어항은 미리 근처에 사는 누나네 집에 맡겼고 화분들은 욕조와 큰아이가 어릴 때 썼던 이동식 욕조와 양동이 등에 물을 받아 받쳐 놓았다. 나머지는 물을 흠뻑 줬다. 한 달 뒤 살아남을지 아닐지는 순전히 운에 맡기기로 했다.


## 공항에 도착하니 오히려 홀가분한 기분
**그래 여행 가는 것뿐인데 어려울 게 뭐가 있어**


인천공항에 비교적 일찍 도착해 여유 있게 출국 수속을 할 수 있었다. 체크카드로 100만 원을 파운드화로 환전하고 공항 벤치에 앉아 있는데 한 아주머니가 오더니 멀티어댑터를 사란다. 한 개에 1만 원이다. 유럽은 콘센트가 제각각이어서 항상 호텔 프런트에 얘기해 별도 어댑터를 빌렸던 생각에 얼른 샀다. 나중에 면세점에서 보니 비슷한 멀티어댑터가 2만 8,000원이었다. 잘 샀다 싶었다.

면세점에 들른 김에 고추장 튜브를 슬그머니 집었더니 대형할인점에서 사면 될 걸 비싼 돈 주고 왜 공항 면세점에서 사냐고 아내가 핀잔을 놓았다. 역시 꼼꼼하게 챙기지 못한 탓이다. '메아 쿨파 Mea Culpa : '내 탓이오'란 뜻의 라틴어'. 그래도 1팩을 10달러를 주고 샀다.

언제 매운 걸 먹어볼까 하고 육개장으로 아침 겸 점심을 사 먹고 루프트한자 비행기에 올랐다. 아이들은 마냥 즐거워한다. 8년 전 아이들을 데리고 반드시 파리로 여행을 하겠다던 아내가 이유야 어떻게 됐건 소원을 이루게 되었다며 약간 들뜬 모습이다. 2010년을 목표로 했었는데 어떻게 꼭 들어맞는지 신기하단다. 아내의 소원에 세뇌를 당한 내가 무의식적으로 사표를 내던진 것은 아닐까.

구름바다를 내려다보자 못내 두려움이 앞선다. 가이드도 없는 유럽여행이고 숙소도 다 예약하지 않았다. 나 혼자라면 걷는 것도 마다하지 않고 먹는 것도 대충 해결하면 될 테지만 문제는 아내와 연약한 애들이다. 특히 둘째는 집에서도 피곤해 곯아떨어지기 일쑤인데 그 힘든 여정을 어떻게 이겨낼까 걱정이 앞선다.

잠에 곤히 빠져든 아내와 아이들을 보며 마음을 다잡는다. 비록 출장이긴 했지만, 유럽에 두 번 다녀온 경험도 있고 어차피 사람 사는 세상, 뭐가 다르겠나. 남들 부러워하는 여행을 떠나면서 걱정하다니 실소가 나왔다.

12시간을 날아 프랑크푸르트에 도착하니 전날 거의 밤샘했던 피로가 극에 달한다. 역시 미리미리 준비해야 할 필요성을 절감한다. 환승 시간이 촉박해

### 아내의 감성 포인트

기내에서 쇠고기 안심 요리를 택했다. 고추장과 김치가 곁들여진 게 무엇보다 반가웠다. 아이들도 뚝딱 한 그릇을 비웠다. 식사 후 양치질이 하고 싶었다. 아뿔싸! 치약과 칫솔을 짐에 부쳐버렸다. 기내 화장실에도 치약과 칫솔은 없었다.

독일 여승무원에게 "이를 닦고 싶은데 치약과 칫솔 좀 부탁합니다" 했더니 무뚝뚝한 표정으로 없다고 했다. 실망스러웠다. 가지고 있는 치실로 대충 마무리하고 자리로 돌아왔더니 아까 그 승무원이 "하나 남았다"며 엄청 큰 칫솔과 치약이 든 팩을 가져다줬다. 어떨 때는 있고 어떨 때는 없어, 아까 없다고 했는데 하나 남았었다며 미안한 표정으로 말했다. 역시 필요하면 요구해야 한다는 결론을 얻었다. 또 치약을 소지하지 못할 경우를 대비해 치실을 반드시 가져가야 한다는 생각도 들었다.

하루에 일기를 몇 번이나 쓰는지 모르겠다. 집에서는 한 번 쓰는데 비행기는 지겨워서 3시간 간격으로 벌써 세 번째 쓴다. 하지만 엄마는 그게 여행이 주는 괴상한 즐거움이라고 한다. 지금은 9시, 자야 하는데 밥은 안 나온다. 간식이 한참 있다 나왔는데 라면은 조금밖에 없고 샌드위치도 햄뿐이다. 짜증 난다. 독일에 도착하려면 아직 4시간이나 남았는데…… 배가 고프다.

빠른 걸음으로 히드로 공항행 게이트로 걸어갔다. 아이들도 벌써 피곤해하는 눈치다. 가는 길에 한국에서 런던으로 출장 가는 한 회사원이 "첫 해외출장인데 맞는 길이냐?"며 물었다. 외국에서 처음 만난 한국인이어서 반가웠다. 기자 시절 혼자 유럽 취재를 갈 때 비행기가 연착되면서 게이트가 바뀌어 헤맸던 기억이 되살아났다.

서둘러 환승 게이트에 도착해보니 연결편이 다소 늦어졌다. 루프트한자가 연착한 데 따른 순연조치인가 보다 생각하고 편히 기다리기로 했다. 하지만 시간을 계산해보니 그리 만만치가 않았다. 벌써 오후 9시. 런던까지 40분에다 짐 찾고 이래저래 하면 1시간 10~20분, 지하철로 1시간을 가면 12시가 다 되어야 도착하게 생겼다.

예약할 때 10시에 도착한다고 했는데 또다시 걱정이 엄습했다. 너무 늦어서 예약이 취소되지나 않을까 하는 생각이었다. 하지만 곧 프랑크푸르트와 런던은 1시간의 시차가 난다는 걸 계산하지 않았다는 걸 알게 되었다. 그러니까 넉넉잡아 11시쯤이면 도착할 수 있다는 얘기다.

런던 히드로 공항에 도착했다. 둘째가 거의 정신을 못 차린다. 13시간을 비행기를 탔으니 그럴 만도 했다.

## 10월 20일 비용

| | |
|---|---|
| 3만 6,000원 | 공항식당 |
| 1만 원 | 멀티어댑터 |
| 10달러 | 고추장 |
| 9파운드 | 히드로 공항~런던 지하철요금 |

# United Kingdom

# 영국

## 영국 일정_5일

10월 21일_국회의사당(빅벤)-웨스트민스터 사원-세인트제임스 공원-

버킹엄 궁-트라팔가르 광장-국립미술관-타워브리지-런던 타워

22일_과학박물관-자연사박물관-노팅힐 23일_옥스퍼드-세인트메리 교회-

카팩스 타워-크라이스트 처치 홀 24일_대영박물관-하이드파크-

테이트모던 미술관 25일_V&A 박물관-파리행

# 다음 날 아침을 기대하며 첫날 밤 숙면

## 아침식사 거하게 먹는 우리 신기한 듯 쳐다봐

EU 국가 중 유독 영국이 출입국 심사가 까다롭다고 하는데 어느 정도는 맞는 말인 것 같다. 줄 세우는 덩치 큰 직원이 시종 딱딱한 얼굴로 말 한마디 없이 손가락으로 이리 가라 저리 가라 지시했다. 서비스라는 말은 애초 모르는 사람 같았다.

1시간 가까이 기다렸다 차례가 되었다. 세관원은 밝게 웃으며 예의를 잃지 않았지만 다음 행선지가 어딘지, 무엇을 타고 가는지, 왜 왔는지, 직업은 뭔지, 호텔 이름은 뭔지 꼬치꼬치 캐물었다. 우리는 줄도 늦게 선 데다 비EU 국가 심사가 오래 걸리다 보니 맨 끝에서 두 번째로 짐을 찾았다.

시간이 너무 지체되어 서두르느라 지하철 표를 끊는 데 또 시간을 까먹었다. 아무튼 어른 표 2장과 어린이 표 1장 <sub>둘째는 만 8살이어서 무료</sub> 을 끊어서 지하철을 타고 트래블로지 호텔이 있는 런던 서더크 역에 내렸다. 중간에 한 번 환승했지만 지하철 구조가 우리나라와 비슷해 별 어려움은 없었다. 숫자와 색깔로 안내판이 되어 있고 그 노선 종점이 맨 위에 크게 적혀 있어 편리하다. 지하철역에 노선도가 비치되어 있으니 그것만 보면 누구나 쉽게 목적지를 찾아갈 수 있다.

역무원에게 트래블로지 호텔이 어디 있느냐고 물었더니 친절하게 알려줬다. 역에서 불과 3, 4분 거리다. 호텔에 도착해 체크인하고 씻고 잠자리에 들었다. 더블 침대와 소파 겸용 침대 <sub>2인용</sub>, 이렇게 4인 가족용이다. 방은 비교적 널찍했다. 우리는 곧 곯아떨어졌다.

공항 자판기에서 지하철 표 끊는 법

❶ 화면 왼쪽 아래
other single destination 선택

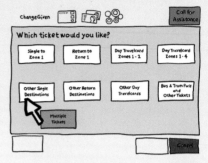

❷ 빈칸이 뜨면 알파벳을 눌러서
가고자 하는 역 선택

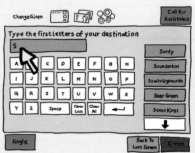

❸ 멀티(2명 이상) 선택(여기서 주의해야 할 것은 4인 가족이지만 12살 미만은 무료,
12~16세는 할인이므로 adult 2명만 선택해 8(4x2)파운드 넣음. 표를 받고 인근 안
내 창구에 가 12살인 큰애 표를 1파운드에 구입. 8살인 둘째는 무료로 부모와 함께
바를 통과하거나 옆에 있는 무료 출입구를 통과하면 됨

**런던 트래블로지 호텔에서의 아침식사** 최대한 많이 먹어두는 게 중요하다.

아침에 일어나니 이미 오전 9시였다. 너무 피곤했던 모양이다. 몸이 물에 젖은 솜처럼 무거웠다. 대충 씻고 아침식사를 하러 갔다. 메뉴는 계란과 베이컨, 소시지, 삶은 토마토, 오트밀, 4, 5종류의 빵, 잼, 치즈, 과일, 요구르트, 주스 3종류, 우유, 커피 등으로 비교적 푸짐한 뷔페식이었다. 1인당 7.5파운드였는데 숙소를 예약할 때 인터넷으로 예약했기 때문에 할인가 5파운드를 적용받았다. 16세 미만 아이들은 무료다. 나와 아내, 아이들은 거의 2, 3번 접시를 날랐다. 많이 먹어둬야 관광을 하는 데 힘들지 않을 거라는 생각에서였다. 몇몇 외국인은 우리의 접시를 보면서 짐짓 놀라는 눈치였다. '저렇게 먹고도 살이 안 찌나?' 하고 의아해하는 듯 보였다.

방에 다시 들어가 보니 기차선로와 10미터도 떨어져 있지 않았다. 간밤에 자면서 기차 지나가는 소리를 얼핏 들었던 거 같았는데 이렇게 선로가 가까이 있는 줄은 몰랐다. 그만큼 방음장치가 잘 되어 있기 때문인 것 같았다.

# 빅벤, 국회의사당 보는 순간 "잘 왔구나"

## 섬세한 조각과 규모에 절대왕조와 종교의 힘 느껴

아침을 먹고 기분 좋게 출발했다. 역에 들러 오이스터 카드 우리나라 교통카드와 비슷하지만 예치금이 있고 할인 폭이 커서 여행자에게 유리하다. 예치금은 반납하면 돌려준다 를 만들려고 했더니 역무원이 "며칠 묵느냐"고 물었다. 4박 5일이라고 했더니 트레블 카드 5일치가 낫다고 했다. 트레블 카드는 하루 종일 횟수에 관계없이 지하철과 버스를 탈 수 있는 카드라고 한다. 하루에 12.2파운드 어른 5.6×2＋큰애 1＋작은애 0 로 4일치 48.8파운드를 지불하고 트레블 카드를 샀다.

빅벤

창구가 하나밖에 없어서 우리가 계산하는 동안 줄이 엄청나게 길어졌다. 미안한 마음에 얼른 비켜줬더니 괜찮다고 미소 지었다. 바쁜 출근 시간에 속마음이야 그렇지 않았겠지만 친절이 몸에 밴 것 같았다. 이들은 길을 가다가 마주치기만 해도 "아임 쏘리"라는 말이 자연스럽게 튀어나올 정도로 예절에 철저하다. 겉으로는 친절하지만 '혼네 속마음'는 다르다는 일본 사람들과 오버랩되는 게 나만의 착각이었을까. 두 나라 모두 한때 동서양의 대표적 제국주의 국가로 인도와 조선에 씻지 못할 죄를 저질렀으니 말이다.

영국 왕가의 대관식 장소로 유명한 웨스트민스터 사원의 외벽 조각 첫날 일정이어서 화려함이 기대 이상으로 다가왔다.

빅토리아 여왕 이후 궁전으로 사용되고 있는 버킹엄 궁 앞에서 근위병 교대식을 기다리는 인파 비수기인데도 대단했다.

지하철을 타고 웨스트민스터 역에서 내렸다. 밖으로 나오자 웅장한 빅벤과 국회의사당이 우리를 맞이했다. 일부 건물이 보수공사 중이었지만 건물은 가히 예술 수준이었다. 웅장한 규모와 섬세한 조각에 입이 딱 벌어졌다. 어떻게 돌을 저렇게 예쁘게 조각해서 붙여 놓았을까. 현대적 시각에서 보자면 매우 비효율적인 장식이지만 아름다웠다. 인근의 웨스트민스터 사원도 멋지기는 마찬가지였다. 백성들은 범접하지 못할 권위를 내세운 두 건물에서 절대왕조와 종교의 위력이 느껴졌다. 나중에 들은 얘기로, 해외 여행객들은 첫 방문국에서 받은 충격 때문에 첫 방문국에 대체로 후한 점수를 준다고 한다.

아무튼, 빅벤은 개관 시간 오후 2시 반 이 맞지 않아 보지 못하고, 웨스트민스터 입장료는 어른 15파운드, 12살 이상 7파운드로 다 합해 37파운드나 해 겉만 구경했다. 대신 '더 몰' 대로 을 따라 버킹엄 궁으로 가 근위병 교대식을 구경했다. 비수기인데도 인파가 넘쳤다. 성수기 때는 한두 시간 전에 자리 잡고 있어야 한다는 여행책의 안내가 괜한 말이 아니었다.

키가 작은 둘째는 목말까지 태우고 구경했지만 기대한 것만큼은 아니었다. 버킹엄 궁 안에서의 교대식은 잘 보이지도 않았다. 나도 키가 큰 편인데 워낙 키 큰 유럽인들이 좋은 자리 다 차지하고 있으니 둘째라도 잘 보라고 계속 목말을 태우고 있을 수밖에. 사람들이 어찌나 많은지 기마경찰이 두 번이나 우리 쪽으로 와 소매치기를 조심하라고 일러줬다. '이게 뭐 대단하다고 이렇게 사람들이 몰리나?' 나는 오히려 그게 더 신기했지만 한 손으로 목말을 태우고 다른 손으로는 지갑을 수시로 확인했다.

교대식 구경을 마치고 맞은편 세인트제임스 공원에서 펠리컨, 백조, 오리들에게 식빵을 던져주며 한동안 놀았다. 펠리컨은 이곳 터줏대감인 듯 사람들한테 다가와 오히려 먹을 것을 달라는 눈치였다. 카메라를 들고 사진을 찍는데 가만히 포즈까지 잡아줬다. 머리를 쓰다듬어도 조용히 있으니 일본인 아가씨들이 까르르 웃으며 좋아했다.

**아내의 감성 포인트**

'더 몰The Mall'은 구경하며 걷기에 좋았다. 시현이는 다리 아프다며 버킹엄 궁이 언제 나오냐고 투덜거렸지만 말이다. 각종 카페, 세일하는 책방, 선물가게, 초콜릿가게, 샌드위치가게, 스타벅스 등이 죽 이어진 상점을 구경하고 '오른쪽을 보시오 Look at Right' 라는 간판의 상점, 얼룩말 교차로 zebra crossing 가 없는 ☰ 모양의 횡단보도, 의외로 신호등을 잘 지키지 않는 영국인들, 빨간 2층 버스, 소형차가 많고 넓지도 않은데 차 막힘이 전혀 없는 런던 거리를 본다는 건 배낭여행자만의 즐거움이 아닐까.

# 런던 국립미술관 무료정책 인상 깊어

## 봉지 라면 먹으며 '돈 아껴 구경 더 하자' 다짐

국립미술관으로 향하는 길은 넓은 대로다. 포장된 인도에 폭 1.5미터 정도의 비포장 길이 하나 더 있다. 흙길을 밟고 싶은 사람은 이쪽으로 걸으란 배려인가. 낙엽이 뒹구는 흙길이 운치가 있어 좋았다. 조깅하는 사람들은 흙길을 주로 이용했다.

국립미술관이 있는 트라팔가르 광장에 도착했다. 국립미술관 광장에 있는 대형 사자상을 타고 노는 꼬마들을 보고 아이들도 타보고 싶어 했다. 번쩍 들어 사자 등에 태운 뒤 사진을 찍었다. 우리가 노는 모습을 보더니 이번에는 중학생으로 보이는 히스패닉계 여자애들이 우르르 몰려와 올라가려고 애

**채은이의 일기**

버킹엄 궁전은 별로 화려하지 않았다. 오히려 빅벤이나 웨스트민스터가 더 화려했다. 버킹엄에서 근위병 교대식을 봤다. 검은 털모자에 빨간 옷을 입은 근위병들이 악기를 연주하며 박자를 맞춰서 걸어가는 모습은 정말 멋진 볼거리였다. 트라팔가르 광장에서는 거대한 사자상에 올라가 사진을 찍고 국립미술관으로 이동했다. 무려 66개의 전시실이 있다고 했다. 정말 큰 크기다. 그래서 결국엔 조금만 보다가 다리가 아파 호텔로 돌아갔다. 밤에 타워브리지 야경을 보려고 졸린 눈을 비비고 피곤에 지친 몸을 이끌고 호텔을 나섰다. 다리는 자꾸 투덜거렸지만 어쩔 수 없었다. 타워브리지는 정말 멋있었다. 우리나라에서는 찾아볼 수 없는 예쁜 다리였다. 야경도 멋졌다. 타워브리지 한가운데서 템스 강과 반짝반짝 빛을 내는 마을의 불빛들을 보는 것도 멋있었다.

를 썼다. 그 모습이 안쓰러워 내 무
릎을 딛고 올라가라고 받침대를 만
들어줬더니 고맙다며 수줍게 얼굴을
붉혔다. 겉으로 태연한 척했지만 아
이들이 의외로 무거워 사실 다리를
부들부들 떨며 받쳐야 했다.

런던 대영박물관 기부함 무료 정책을 위해 최소 1~2유
로를 기부해 달라고 써있다.

　얀 반 에이크의 〈아르놀피니의 결
혼〉, 고흐의 〈의자〉, 렘브란트의 〈자
화상〉 등 미술 교과서에 나온 그림들을 3시간 반 동안 감상했더니 둘째가 가
자고 졸랐다. 어차피 공짜니까 다음에 또 오자는 마음으로 미술관을 나섰다.

　미술관 로비에 "무료정책을 유지하기 위해 여러분의 기부를 기다립니다"
라고 쓰여 있어 1파운드를 기부했다. 사진을 찍으려니까 안내인이 와서 일
절 촬영이 안 된다고 제지했다. "여기 로비인데도 안 돼요?" "네, 안됩니다."
거참 희한한 노릇이었다. 제지당하기 전에 한장을 찍었으니 그나마 다행이
었다.

　런던은 국립 미술관과 박물관이 거의 다 공짜다. 혹자는 우스갯소리로 외
국에서 유물을 하도 많이 뺏어 와 그런 정책을 유지하는 거라고도 하는데,
웃어넘길 일이다. 그보다는 인류의 귀중한 유산을 한 명이라도 더 보게 하려
는 배려라는 게 맞는 답일 것이다.

　날씨가 꽤 쌀쌀해 숙소에서 쉬었다가 야경을 구경하기로 했다. 호텔로 가
는 길에 맥도날드 햄버거 가격을 보니 상당히 비쌌다. 얼추 계산해보니 인근
식당의 저렴한 메뉴와 큰 차이가 없었다. 편의점에 들러 샌드위치와 바게트,

우유를 사서 요기했다. 귤과 바나나 등도 사서 틈나는 대로 먹었다.

맥도날드에서는 화장실만 사용하고 나왔다. 유럽에서는 대부분 유료화장실 0.5유로 안팎 이어서 맥도날드 화장실을 애용했다. 우리 같은 사람이 많아서 그런지 나중에 오스트리아 빈의 한 맥도날드에서는 화장실에 키패드가 붙어 있었다. 비밀번호는 주문 영수증에 적혀 있다는 걸 나중에야 알게 됐다. 우리는 기다리다 커피를 두 잔 시켰는데 애들이 급하다고 해 종업원에게 물어 보니 영수증 끝에 적힌 숫자를 가리켰다.

비싼 돈 주고 산 트래블 카드의 본전을 뽑기 위해 야경을 보러 가기로 했으나 본격적인 시차 피로가 쏟아진 데다, 음습한 날씨의 런던 아니랄까 봐 시간이 지날수록 하늘이 흐려지면서 기온도 뚝 떨어졌다.

아내와 아이들도 뜨거운 국물이 먹고 싶다고 해 즉석밥과 함께 봉지 라면을 데워 먹었다. 아이들이 맛있게 먹는 모습을 보니 한편으로 기쁘고 한편으론 안타까웠다. '그래, 이렇게 돈 아꼈다가 그림 하나, 건물 하나라도 더 보고

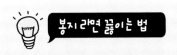

### 봉지 라면 끓이는 법

1. 라면을 뜯고 스프를 3분의 2가량 넣는다.
2. 커피포트로 끓인 물을 3분의 2가량 붓고 봉지를 여민다.
3. 김이 나오면 뜨거우니 조심하면서 4, 5분을 기다린다.
4. 즉석밥을 곁들이고 싶으면 커피포트 물을 세면대 등에 부어 미리 덥힌다.
5. 밥은 컵 등에 덜어놓은 뒤 즉석밥 그릇에 라면을 부어 먹는다.
(환경호르몬이 우려되므로 자주 먹는 것은 추천하지 않는다.)

가자.' 속으로 이렇게 다짐했다.

기운을 차린 뒤 야경을 구경하러 나
섰다. 지하철을 타고 타워힐 역에서 내
려 천천히 걸었다. 희한하게 날씨가 다
시 포근해져 그나마 다행이었다. 타워
브리지에서 야경을 구경하는데 갑자기
앰뷸런스가 사이렌을 울리며 오더니
다리 중간쯤 인도에 누워 있던 노숙자
를 실어 갔다. 사람들이 한동안 구경하
더니 아무 일 없다는 듯이 발걸음을 옮
겼다.

탑으로 올라가는 문은 굳게 닫혀 있
었다. 탑 옆 동그랗게 튀어나온 공간에
는 사무실 같은 공간도 있었다. 아마 다

**타워브리지 야경** 다리의 중앙 부분이 위로 올라가
배가 통과할 수 있다.

리를 들어 올릴 때 이곳에서 조정하는 것 같았다. 런던 타워는 주마간산 식
으로 훑어봤다. 그냥 도로를 따라 걸으며 조명을 밝힌 벽을 봤다고 하는 편
이 맞을 것이다. 우리 가족은 런던 타워를 볼까, 박물관을 하나 더 볼까를 고
민하다 결국 박물관을 택했다. 하지만 그냥 가긴 뭣해 야경이 멋지다는 타워
브리지와 런던 타워를, 그야말로 야경만 보기로 결정해버렸다.

버스를 잘못 타 중간에 내려 약간 헤맨 끝에 지하철역을 발견했다. 지하철
을 많이 타서 그런지 애들이 앞장서서 갔다. 역시 애들은 빨리 배운다는 생
각이 들었다.

**10월 21일 비용**

| | |
|---|---|
| 48.8파운드 | 트래블 카드 |
| 28파운드 | 점심 |
| 2.6파운드 | 맥주 |
| 12파운드 | 간식 |

## 과학박물관에 전시된 온갖 종류의 기계들 보며 부러움

**우리 애들도 이런 박물관 보며 꿈을 키웠으면 하고 소망**

둘째가 일찍 잤던 탓인지 새벽 6시에 혼자 일어나 떠들며 놀았다. 전날 못 쓴 일기를 쓰게 한 뒤 식당에 내려가 아침을 먹었다. 아이들이 맛있다며 요구르트를 두 개씩이나 먹었다. 나도 한껏 담아 와 배를 든든히 채웠다. 인터넷 서핑을 열심히 해 이런 저가 호텔을 찾았다는 게 뿌듯했다. 그것도 도심 한복판 지하철역 바로 옆에 있는 호텔을.

트래블 카드가 오프피크 off peak 용이어서 아침을 일찍 먹고도 방에서 기다려야 했다. 트래블 카드에는 아무 때나 이용할 수 있는 것과 출근시간 peak 을 피해 오전 9시 30분 이후에 사용 가능한 것의 2종류가 있다. 오프피크는 조금 싸다.

지하철을 타고 과학박물관에 들렀다. 이곳도 무료였다. 1층 로비에서는 석유시추기가 돌고, 3층으로 올라가니 비행기가 망라되어 있었다. 프로펠러, 단엽기, 쌍엽기부터 달 착륙 모듈까지 창공을 향한 아이들의 꿈과 희망을 충족시키기에 충분했다. 이런 과학박물관이 있기에 아이들이 연구하고 개발하는 것을 즐기는 것은 아닐까. 물론 그런 사고방식을 심어주는 가정과 학교 교육이 중요하다는 것은 말할 필요도 없지만 말이다.

**과학박물관의 비행기 전시관** 여객기의 단면모형이 신기하다.

애들은 화면을 통해 질문하고 답을 맞히는 체험형 프로그램을 더 재미있어했다. 한참을 놀다 다른 곳으로 가니, 우주선에 타면 화면이 움직이며 마치 놀이시설을 탄 것 같은 착각을 일으키는 시설이 있었다. 놀이공원에서 많이들 탔으면서도 태워달라고 야

아이가 박물관에 설치된 체험 기기에 빠져 있다.

단이었다. 1인당 2파운드쯤을 내고 태워줬다.

역시 소통이 중요하다는 생각이 들었다. 애들은 일방적으로 흘러가는 것은 지겨워한다. 박물관도 지겨워하고 미술관도 지겨워한다. 그냥 걷는 것도 싫어하고 생각만 하는 것도 싫어한다. 자기가 할 수 있는 게 단 하나라도 있어야 좋아한다.

파리 루브르 박물관에 갔을 때 인근 정원에 조그만 연못이 있었다. 연못 한가운데 심벌즈가 한 20여 개 박혀 있었다. 여행책에 없는 걸 보니 만든 지

얼마 안 되는 것 같았다. 그런데 아이, 어른 할 것 없이 돌을 주워다 심벌즈에 던지는 것이었다. 맞추면 좋아라 손뼉을 치고, 못 맞추면 다시 한참을 걸어가 돌을 주워 오고. 애들과 아내, 나도 돌을 주워 한참을 던졌다.

눈을 부릅뜨고 관광해도 시간이 모자랄 판에 쓸데없이 돌을 주워 심벌즈를 맞추는 꼴이라니. 하지만 애들은 너무 행복해 보였다. 거의 100미터를 걸어가 돌을 주워 던지고 다시 가서 주워 오고를 반복했다. 그 덕분에 아내와 나는 벤치에 느긋하게 앉아 잠시 피로를 풀 수 있었다.

과학박물관을 관람하다가 다리가 아파 벤치에 앉아 쉬고 있는데 건물 틈

 런던버스

정류장에 노선도가 잘 나와 있다. 노선도 옆에 알파벳순으로 따로 정리된 표가 있어 행선지로 가는 버스 번호와 정류장을 찾을 수 있다. 정류장 부스 한쪽에 A, B, C, D 등의 알파벳이 붙어 있고 특정 알파벳 정류장에는 해당 버스만 선다. 예를 들어 노팅힐 13번-A라고 하면 A정류장에서 13번을 타라는 뜻이다. 노선도에 화살표가 되어 있어 그 자리에서 타야 하는지, 길을 건너야 하는지도 파악할 수 있다. 버스가 오면 손을 흔들어 세워야 한다. 가만히 있으면 버스가 안 서고 그냥 가기도 한다. 버스에 탈 때 운전기사에게 트래블 패스를 보여주면 된다. 버스에서는 음성과 화면으로 정류장이 표시되니 편안히 기다리면 된다. 버스의 장점은 노상으로 다니며 하나라도 더 관찰할 수 있다는 것이다.

에서 생쥐가 한 마리 나와 사람들이 먹다 흘린 빵 찌꺼기를 주워 먹었다. "이런 첨단 건물에 생쥐가 다 사네" 하고 아이들이 재미있어했다.


## 과학박물관보다는 자연사박물관을 먼저 보는 게 유리
**거대한 흰수염고래의 뼈 등 온갖 동물 보며 감탄사가 절로**

과학박물관은 전체적으로 깔끔하게 전시해놓은 인상이지만 기대만큼 뛰어나다는 생각은 들지 않았다. 서울시도 엉뚱한 데 돈만 쓰지 않으면 이런 과학박물관을 구마다 하나씩은 만들 수 있겠다 싶었다.

점심으로 지하철역 구내에 있는 가게에서 샌드위치와 핫도그, 주스 등을 사 먹고 바로 옆 자연사박물관으로 갔다. 어마어마한 고래 뼈와 공룡, 그 밖의 다양한 동물 뼈를 보면서 '이곳에 먼저 올걸' 하고 후회했다.

이곳은 식물, 곤충, 광물, 화석, 동물 등 5개 주제로 7,000만 점의 표본을 보유하고 있다고 한다. 실로 어마어마한 규모다. 혹시 입구의 거대한 흰수염고래 뼈랑 공룡 디플로도쿠스 뼈도 한 점으로 친 건 아닌지 모르겠다. 『종의 기원』으로 유명한 다윈이 연구했던 표본들도 이곳에 전시되어 있다. 이곳은 특히 공룡 표본으로 유명해 아이들은 힘든 줄 모르고 돌아다녔다. 큰애는 거대한 금덩이 등 갖가지 보석이 있는 광물 표본실을 너무너무 좋아했다. 아무튼, 그 엄청난 동물 표본은 가히 압도적이었다. '해가 지지 않는 나라'답게 전 지구상에서 모았을 성싶었다. 아마 지금은 이런 규모의 표본을 모으는 것 자체가 불가능할 것이다.

**자연사박물관의 벽 장식** 자연사박물관에 걸맞게 부조도 다양한 동물 문양으로 되어 있다.

시간 가는 줄 모르고 관람하다 보니 10분 후 폐관이니 나가달라는 안내 멘트가 나왔다. 어느새 5시 30분이 되었다.

즐겁게 관람했지만, 옆에 두고 보고자 하는 인간들 때문에 유명을 달리한 동물들에게 애도의 뜻을 표했다.

저녁에는 노팅힐 역에서 내려 한참을 걸은 끝에 영화 〈노팅힐〉의 무대가 되었던 서점을 찾아가 기념사진을 찍었다. 솔직히 엄청나게 피곤했지만 아내가 좋아해 무작정 걸었다. 애들은 거의 초죽음 상태였다. 서점은 정말 작았다.

가는 길에 '레바니즈 익스프레스'라는 레바논식당에 들러 3파운드짜리 저녁을 사 먹었다. 뷔페식인데 밥, 닭고기, 카레, 야채 볶음, 콩, 고추 절임 등을 양껏 담을 수 있었다. 샌드위치도 3파운드 안팎인데 싼값에 저녁을 푸짐하게 먹게 되어 온 가족이 즐거워했다. 자리가 몇 개 안 되어 기다리는데 배낭족들이 일회용 그릇을 들고 밖으로 나갔다. 우리가 기다리는 걸 보더니 저희들끼리 밖으로 나가 도로 턱에 앉아서 먹었다. 예의를 아는 청년들이었다.

역시 찾아보면 싼 식당이 나온다. 10~20파운드짜리 비싼 음식만 파는 식당만 있으면 저임금 노동자들은 뭘 먹고 살겠는가.

유럽의 화장실은 거의 다 유료라고 보면 된다. 무료로 화장실을 이용하려면 박물관, 미술관, 레스토랑 등 건물 내부로 들어가야 한다. 그러니까 건물 내부에 있을 때 꼭 볼일을 보는 것이 좋다. 하지만 소변이 어디 마음대로 조절이 되나. 유료 화장실을 이용하자니 2유로 50센트x4 가 아까울 뿐이다. 그 돈이면 생수가 4통인데.

역시 방법은 있다. 맥도날드나 버거킹, KFC 같은 곳에 들어가서 해결하는 것이다. 이곳에서 일하는 사람들도 우리나라처럼 아르바이트생들이기 때문에 볼일만 보고 나와도 별 신경을 쓰지 않는다. 정 미안하면 커피나 주스 등 싼 걸 시켜 먹으면 된다.

오스트리아 빈에 가니 우리처럼 볼일만 보는 사람이 많아서인지 맥도날드 화장실이 잠금식이었다. 그래서 커피를 두 잔 시키고 비밀번호를 물어봤더니 영수증을 가리켰다. 영수증 끝에 비밀번호가 쓰여 있었다. 화장실 인심 참 고약하다.

한번은 런던에서 둘째가 너무 급하다고 해서 아무 카페나 들어가기로 하고 문을 열었더니 스포츠카페였다. 많은 청춘 남녀들이 손에 커다란 맥주잔을 들고 서서 프리미어리그 중계를 보며 시끄럽게 떠들고 있었다. 몇몇은 어린애를 보고 놀라워했지만 대체로 신경 쓰지 않았다. 기다렸다 볼일을 마친 아이를 데리고 살짝 나왔다.

**베르사유 입구의 맥카페 화장실**  표시가 예술의 도시 답다.

자연사박물관은 건물이 정말 크고 아름다웠다. 궁전 같았다. 책에서 지진 체험관이 있다고 해서 잔뜩 기대했는데 실망했다. 거기는 일본 고베 지진을 재현해놓은 곳이었는데 엄청난 피해를 준 고베 지진과 달리 약하게 흔들리기만 했다. 지진 체험관에 실망하고 다른 전시실로 갔는데 정말 좋았다. 포유류 전시실에는 사라진 도도새, 만년 전의 나무늘보 등 온갖 동물들이 있었다. 그 외에도 곤충, 공룡, 보석 전시실에 갔다. 제일 좋았던 곳은 보석 전시실이었다. 다이아몬드, 금, 자수정, 수정 등 온갖 보석들이 무척 아름다웠다. 내가 그 보석들을 다 가지고 있으면 얼마나 좋을까.

박물관을 다 보고 호텔로 가려는데 영화를 좋아하는 엄마가 〈노팅힐〉에 나오는 '여행 서점'으로 가자고 했다. 그래서 호텔로 돌아가서 편안히 쉴 수 있었는데 엄청 걸어서 여행 서점에 간 뒤 사진을 찍고 돌아왔다. 서점이 문을 열고 있으면 모를까, 해는 저서 캄캄하고 서점 문도 닫혔는데 왜 하필 그때 갔는지 모르겠다. 아무튼 엄마는 좋아했다.

호텔로 돌아오는 길에 둘째가 다리가 아프다며 칭얼거렸다. 업어줬더니 잠이 들었다. 지하철을 타고 오는데 아이를 업고 서 있는 내 모습을 본 아주머니가 갑자기 "어서 자리 양보하세요. 애를 업고 짐 들고 서 있는 이 사람들이 안 보여요?" 하며 소리를 질러 깜짝 놀랐다. 한 아주머니가 일어나 자리를 양보했다. 청년들도 멋쩍은 표정으로 주뼛주뼛 일어났다. 이다니면서 느낀 건데 사람들이 대체로 예의가 발랐다. 물론 무뚝뚝한 사람도 있지만 스치거나 진로를 가로막게 되면 자기 잘못도 아닌데 'Sorry'를 연발했다.

## 10월 22일 비용

| 22파운드 | 점심(샌드위치, 주스, 바나나, 우유 등 ) |
|---|---|
| 12파운드 | 저녁(편의점에서 물, 빵, 맥주 등) |
| 16파운드 | 간식비 |

## 전 세계 인재의 산실 옥스퍼드를 가다

### 런던 벗어나니 초원 행렬 …… 인클로저 운동 생각나

　옥스퍼드를 가기로 한 날이었다. 하늘을 보니 날씨도 좋았다. 하루 1만 원
짜리 트래블 카드의 본전을 뽑으려면 시내를 누비고 다녀야 하는데, 갈 때
올 때 두 번만 써야 하는 사실이 안타까웠다. 지하철을 타고 옥스퍼드행 버
스가 있는 빅토리아 코치 스테이션으로 향했다. 빅토리아 코치 스테이션은
빅토리아 역에서 뒤쪽으로 한 50미터쯤 가면 나온다. 표 끊는 데를 몰라 직
원인 듯한 사람에게 물어보니 여행사처럼 생긴 방을 가리켰다. 1인당 왕복
32파운드의 거액을 내고 표를 끊었다. 다행히 17세 이하는 무료였다. 안도의
한숨이 절로 나왔다. 아이들 천국 영국에는 출산율이 높으려나?

　2층 버스 맨 앞자리를 점령하고 런던을 빠져나갔다. 런던을 벗어나니 온
통 초원이었다. 양들이 지천인데 까만 양들도 보였다. 까만 양이라니 희한했
다. 까만 양모 옷을 본 적이 없는데 '그럼 까만 양털은 탈색해서 쓰나' 하는
의문이 들었다. 나중에 TV에서 보니 중국과 몽골에도 까만 양이 있었다.

1800년대 인클로저 운동이 생각났다. 직조산업이 발달하자 농민들이 일구던 밀밭을 온통 초원으로 만들어 이익을 추구하던 자본의 횡포 시대 말이다. 양보다 못한 신세를 한탄하던 농부들은 직조기계에 흙을 뿌려넣으며 저항했다. 자본이 사는 세상이 아니라 사람이 사는 세상을 만들어달라며. 그때 상황을 저 양들은 알까.

런던을 떠날 때만 해도 힘차던 햇살이 어느덧 먹구름에 가려지기 시작했다. '런던 날씨 뭐 같다'더니 정말 틀린 말이 아니었다.

1시간 40분가량 달리자 옥스퍼드가 나타났다. 고풍스러운 건물들이 빼곡히 들어차 있었다. 옥스퍼드에서는 건물이 보일 때 내려도 되고 종점까지 가도 된다. 몇백 미터밖에 차이가 나지 않는다.

드디어 비가 오기 시작했다. TV 일기예보에서 맑다고 해서 얇은 옷에 우

### 채은이의 일기

크라이스트 처치 홀은 내가 좋아하는 영화 〈해리 포터〉에서 부엉이가 날아다니던 호그와트 마법학교의 대연회장으로 나온 곳이다. 내가 유명한 영화에 나온 곳을 직접 찾아가다니 정말 기뻤다. 실제 이곳은 여러 교수의 초상화가 많이 걸려 있었다. 영화에서 비친 모습과 똑같지는 않았지만 많이 비슷했다. 아마 영화를 찍으려고 초상화를 치웠나 보다.

옥스퍼드는 학생들이 공부하는 곳이어서 그런지 관람객을 들여보내 주는 곳이 별로 없었다. 영국에서 출판된 책 모두를 보관하고 있다는 보들리안 도서관도 가보고 싶었다. 이곳도 〈해리 포터〉에 나오기 때문이다. 하지만 안타깝게도 관람객을 들여보내 주지 않았다. 나는 아쉬운 마음을 달래며 세인트메리 교회에 올라가 62미터 높이의 탑에서 옥스퍼드를 한눈에 내려다봤다. 그곳 전망은 정말 멋졌다. 옥스퍼드는 꼭 들러보라고 추천하고 싶다.

산도 챙기지 않았는데 장대비라도 내리면 큰
일이었다. 다행히 비는 오락가락했지만 날씨
가 추워지면서 머리까지 지끈지끈 아팠다.

세인트메리 교회 전망대에서 바라본 옥스
퍼드 전경이 좋았다. 어디를 봐도 고풍스러
운 건물이 가득했다. 이런 곳에서 공부하다
보면 저절로 심오한 진리가 떠오를 것 같았
다. 옥스퍼드가 인문과학의 성지라는 게 괜
한 소리는 아니라는 생각이 들었다.

**옥스퍼드의 크라이스트 처치의 스테인드
글라스** 이곳 교수였던 루이스 캐럴의 『이
상한 나라의 앨리스』에 나오는 토끼와 거북
이가 새겨져 있다

지도를 보면 제일 처음 내리는 곳에 카팩
스 타워가 있다. 중세 때 만들어진 이 건물이
유명한 것은 매 15분마다 인형이 망치로 종
을 울리기 때문이다. 지금 보면 약간 우습긴
하지만 몇백 년 전에 이런 작품을 만들었다
고 생각하면 놀랍기도 하다. 여행책에는 이
곳 전망대에 오르라고 되어 있지만 비추천이
다. 세인트메리 교회 전망대가 훨씬 낫다. 둘
다 유료다.

**카팩스 타워의 명물시계** 당시에는 꽤나 혁
신적인 작품이었을 것이다.

큰애가 〈해리 포터〉 광팬이어서 〈해리 포터〉의 무대가 됐던 크라이스트
처치에 들렀다. 그 너른 광장이며 조경, 건물이 예술이었다. 건물이 너무 고
풍스러워 만져보니 돌가루가 부스스 떨어졌다. 식당에 가니 영화에서 나온
상태 그대로였다. 영화 한 편 찍어서 이 건물 관리비를 너끈하게 뽑을 것 같

크라이스트 처치 홀 〈해리 포터〉 촬영 당시를 그대로 재현해놓았다.

았다. 스토리의 힘이다.

옥스퍼드는 좁다. 천천히 걸으면서 관광해도 반나절이면 충분하다. 중간에 벼룩시장에도 들렸지만 살 만한 것은 없었다. 가격이 너무 비쌌다. 도대체 이런 걸 누가 사나 싶은 것인데도 가격표는 제대로 붙어 있었다. 파는 사람도 사는 사람도 여유가 있었다. 매매보다는 그저 시간을 즐긴다는 느낌이었다. 이런 물건에 말도 안 되는 가격표가 붙어 있는 걸 보고 놀라는 사람의 표정, 웃는 표정, 그냥 가는 표정 다 이들에게는 기쁨으로 다가가는 듯했다.

## 고풍스러우면서도 예술적인 대학건물 부러워
### 동양계는 대부분 중국인 학생이어서 '섭섭'

전망대에서 내려다보니 학생들로 거리가 가득했다. 동양인들은 대체로 중국계로 보였다. 한번 길을 물을 겸 동양인 여학생에게 다가갔더니 일본 학생이었다. 친절하게 따라오라며 안내해줬다.

뒷골목을 걷는데 교복을 입은 여학생들이 군것질을 하며 장난을 치고 있었다. 중학생이나 고등학생 정도로 보이는데 옥스퍼드에는 대학만 있는 건 아닌 모양이었다. 한 명을 불러서 가족사진을 부탁했다.

날씨가 추워 레스토랑에서 점심을 사 먹었다. 싼 걸로 골라서 먹었는데도 5만 원이 넘게 나왔다. 서빙을 하는 아르바이트생에게 런던행 버스는 언제 끊기느냐고 물었다. 연중무휴 24시간 있는 걸로 알고 있는데 혹시 자기가 틀릴지 모르니 꼭 확인해보라고 당부했다.

밥을 먹고 기운을 차린 뒤 성당 첨탑을 뚝 떼 따로 지은 듯한 도서관 래드클리프 카메라도 보고, 머튼 칼리지 등 다른 칼리지 건물들을 천천히 둘러보면서 걸었다. 아이들은 다양하게 만들어진 이무깃돌 gargoyle 액운을 막기 위해 조각해 붙인 괴물상 을 살펴보며 즐거워했다.

기념품점에 들러 장인, 장모께 부칠 엽서를 사고 각 칼리지 로고가 새겨진 수첩도 샀다. 아이들은 친구들에게 선물할 연필도 샀다. 후드티도 사려고 했는데 품질에 비해 가격이 만만찮은 데다 나이와 어울릴 것 같지도 않아 그만뒀다.

## 아내의 감성 포인트

영국 날씨는 변화무쌍하다. 에어컨 시설이 없는 영국의 지하철은 짧은 소매가 필요할 정도로 더울 때가 있고, 오전에 흐릴 때는 얇은 코트나 도톰한 자켓이 필요하다. 한낮에 적당한 두께의 긴소매 셔츠, 비가 오거나 해가 지면 코트를 껴입어야 한다. 그래서 여름부터 늦가을용 옷을 다 껴입거나 준비해서 나간 뒤, 경우에 따라 입고 벗고 해야 낭패를 당하지 않는다.

해가 지면서 기온이 더 떨어졌다. 가랑비에 옷 젖는 줄 모른다고 젖은 옷 때문에 추위가 더 심하게 느껴졌다. 금요일이어서 그런지 런던으로 돌아오는 버스에는 학생들이 많이 탔다. 대학생도 아이들은 아이들인 모양이다. 쉴 새 없이 찧고 까불었다. 호텔로 돌아와 따뜻한 물로 샤워하니 피곤이 몰려왔다. 추위에 떨고 오래 걸어서 지친 아이들이 금세 곯아떨어졌다.

### 10월 23일 비용

| | |
|---|---|
| 왕복 64파운드 | 옥스퍼드행 버스비 |
| 46파운드 | 점심(레스토랑) |
| 12파운드 | 크라이스트 처치 입장료 |
| 30파운드 | 기념품 구입비 |
| 17.7파운드 | 저녁 |

## 대영박물관에서 느껴지는 제국주의

**하이드파크에서 다람쥐 쫓으며 놀아**

런던 체류가 막바지라고 생각하니 아쉬웠다. 별로 본 게 없다는 생각이 들었다. 하지만 어쩌랴. 기차는 예약되어 있고 시간은 우리를 기다려주지 않는 것을.

아침에 대영박물관을 가기로 하고 길을 나섰다. 오랜만에 맑은 날씨였다. 런던에 와서 처음 맞는 맑은 하늘인 것 같았다. 전날 옥스퍼드에서 벌벌 떤 것을 생각하면 변화무쌍하기 그지없었다. 이곳은 오전에 맑다가도 오후만 되면 흐리거나 비가 왔다. 4일이 내리 그랬다.

대영박물관 한국관에 전시된 김홍도 화첩

대영박물관 입구는 로제타 스톤이 장식하고 있었다. 대영박물관의 전시물 중 파르테논 장식은 압권이었다. 멋있어서가 아니라 신전의 장식을 통째로 뜯어 온 그 대담한 기백(?)이 놀라워서였다.

빠른 걸음으로 인기 있는 전시실을 가려서 둘러보다 한국관에 들렀다. 중국관, 일본관에 비해서 썰렁했다. 박물관 전체가 인파로 좀 더웠는데 한국관은 시원할 정도였다. 하지만 아이들은

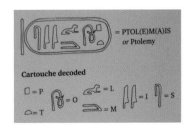

대영박물관 최고의 보물, 로제타 스톤의 안내판  프랑스 언어학자 샹폴리옹이 밝혀낸 프톨레마이오스의 독해법을 설명하고 있다.

대영박물관에 조그만 나라 한국의 독립 전시실이 있다는 것에 무척이나 뿌듯해했다.

역시 이집트관이 제일 흥미로웠다. 다시 살아날 것을 기대하며 만든 미라들이 아직도 생생했다. 내세에 대한 굳건한 믿음이 만든 아이러니다. 되살아나지는 못했지만 수만 명의 사람과 늘 함께하고 있으니 말이다.

중세 유럽과 아프리카, 중동관은 별 감흥이 없었다. 다만 페르시아관에서 본 정교한 무늬들은 좋았다.

오는 길에 하이드파크에 들렀다. 지하철역에서 하이드파크로 이어지는 도로에 전쟁에서 희생된 동물 위령탑이 있는데, 거기에 '이들은 선택의 여지가 없었다'고 쓰여 있었다. 영국인의 유머가 느껴졌다.

하이드파크 가는 길에 서 있는 전쟁 참가 동물 위령탑
'이들은 선택의 여지가 없었다'는 문구가 슬프면서도 유머러스하게 다가온다.

아이들은 하이드파크에서 다람쥐를 쫓으며 놀았다. 엄청난 규모의 아름드리 마로니에가 있었는데 마로니에 열매를 주워 내밀고 있으면 다람쥐가 와서 물고 도망갔다. 큰애는 여러 번 먹었는데 작은애는 실패하자 눈물을 흘렸다. 가끔 산책하러 나온 개들도 제법 덩치 큰 다람쥐를 쫓느라 야단이었다.

 **시현이의 일기**

대영박물관에 갔다. 거기에는 세계 유물이 있었다. 한국관도 있었다. 우리는 따로 나뉘어 구경했다. 엄마랑 나는 그리스관을 구경했고 아빠랑 언니는 다 둘러봤다고 했다. 한국관은 어땠냐고 물었더니 아빠가 썰렁하다고 했다. 하지만 언니는 세계 3대 박물관에 한국관이 있는 게 얼마나 기뻤는지 모른다고 했다. 단, 김홍도 화첩을 훔쳐 와 나쁘다고 했다.

미라들이 있는 곳에 갔더니 아기 미라도 있었다. 좀 징그러웠다.

다음에 우리는 하이드파크에 갔다. 아빠가 주신 샌드위치 조각을 주니까 다람쥐들이 엄청 가까이 다가왔다. 마로니에 열매를 주워 손에 올려놓고 있으니까 재빨리 다가와 까 먹는다. 또 다람쥐를 쫓다가 나무를 막 흔들어댔더니 다람쥐 한 마리가 나무에서 뚝 떨어졌다가 정신 차리고 다시 올라갔다. 박물관보다 여기가 재미있었다.

아이들은 나중에는 다람쥐처럼 아예 커다란 마로니에 나무 위로 올라가 가지에 앉아 있기도 했다. 어른들도 너끈히 지탱할 만큼 나무들이 컸다. 입구 쪽에 편안하게 기댈 수 있는 의자가 있었는데 여행책에 유료라고 해 앉지 않았다. 낙엽을 긁어모아 그 위에 앉아서 쉬었다. 가지고 간 바게트와 샌드위치, 과일 등을 꺼내 먹었다.

많은 사람이 여유를 즐기고 있었다. 몇몇 젊은이들은 웃통을 벗고 축구를 하고 있었다. 호수를 따라 말을 타는 사람도 있었다. 대학생쯤 되어 보이는 한 쌍이 잔디밭에 누워 연방 장난질이었다. 호수를 따라 걸으며 보니 공원 안에 민가도 있었다. 집주인은 이 거대한 공원을 정원으로 삼은 행운과 주말마다 인파에 시달려야 하는 불행 중 무엇을 더 높게 칠까 궁금했다.

### 10월 24일 비용

| | |
|---|---|
| 12파운드 | 간식비 |
| 25파운드 | 점심 |
| 11파운드 | 기념품 구입비 |
| 36파운드 | 저녁 |

# 케임브리지 등 근교를 너무 못 본 아쉬움 뒤로하고
## 끝으로 늦게까지 여는 테이트모던 미술관 관람

호텔 인근의 테이트모던 미술관에 걸어서 갔다. 금요일이라 평일보다 조금 늦은 오후 10시까지 개관한다고 했다. 호텔에서 오렌지빛 가로등을 따라가니 길 건너편에 높다란 굴뚝을 가진 음침한 건물이 보였다. 옛날에 화력발전소였던 것을 미술관으로 개조한 것이란다.

아이들은 미술관을 지겨워해서 호텔에다 남겨놓고 오랜만에 아내와 둘이서 갔다. 피카소와 달리, 미로, 루소, 폴록 등을 봤지만 역시 현대미술 아니랄까 봐 어려웠다. 미술은 느낌이라고 했는데 현대미술에서는 거의 느낌을 받지 못한다. 세상은 단순 명료해지는데 미술은 왜 이렇게 난해하고 복잡하게 흘러가는지 안타깝다.

다음 날 파리로 떠날 생각을 하니 아쉬웠다. 호텔로 돌아오면서 과자를 사, 우리를 기다렸을 아이들에게 선물로 줬다. 큰애가 동생을 잘 데리고 놀아주고 있었다. 많이 힘들 텐데 내색하지 않고 따라와 주는 아이들이 다시 한 번 고마웠다.

언제나 떠날 때는 아쉽다. 마치 다시 찾아오라는 듯 그렇다. 안녕 런던.

## 유로스타 예약은 빠를수록 싸요
**유로스타역 혼잡, 여유 있게 도착해야**

오후 6시 55분 유로스타를 예약해놓아 오전에 세인트 판크라스 역으로 가서 짐을 맡기고 관광을 하기로 했다. 저녁 열차를 예약한 건 그 시간대가 비교적 싸기 때문이었다.

전날 짐을 대충 싸놓아 아침을 먹고 마저 짐을 싼 뒤 세인트 판크라스 역으로 향했다. 짐을 맡기려는데 유인 보관소밖에 없었다. 짐은 크기에 관계없이 한 개당 8파운드였다. 배낭까지 6개인데 야단이었다. 할 수 없이 4개만 맡

### 유로스타 예약하는 법

런던을 첫 여행지로 삼은 여행자는 유럽대륙으로 나가기 위해서 주로 유로스타를 이용한다. 고속열차여서 주행시간이 짧은 데다 시내로의 접근성이 좋기 때문이다. 먼저 유로스타 홈페이지 www.eurostar.com 에 들어가 출발지와 도착지를 고르고, 이용 날짜와 시간을 선택한 뒤 편도 one way 를 고른다. 다음 가족 수를 선택하고 검색을 누르면 시간대와 요금이 나온다. 조정 불가 논플렉서블 는 말 그대로 환불이나 날짜 시간 조정이 안 되는 것이고, 조정 가능 세미플렉서블, 풀플렉서블 은 일부 또는 모두 가능한 것이다. 당연히 논플렉서블이 훨씬 싸다.

가격은 일찍 예약할수록 싸다. 예를 들어 1주일 정도 앞서 예약하면 4인 가족 기준 330~431유로지만, 1달여 앞서 예약하면 128~176유로다. 같은 날이라도 새벽이나 야간이 싸고, 연휴나 주말이 끼면 가격은 더욱 올라간다. 런던 일정만 꼼꼼하게 준비해 1달여 전에 예약하는 것만으로도 200유로 34만 원 를 아낄 수 있는 것이다.

기고 두 개는 아내와 내가 메고 다니기로 했다. 그래도 두 끼 식사가 날아간 셈이었다. 가족 여행을 할 때는 이런 것에 대비해 큰 가방 하나와 트렁크 1개, 작은 배낭 1개 정도가 적당할 것 같다.

지하철을 타고 빅토리아 앤드 앨버트V&A 박물관으로 갔다. 이곳은 빅토리아 여왕과 여왕의 남편 앨버트 공이 받은 선물을 전시해놓은 곳이다. 위치는 자연사박물관 맞은편이다. 자연사박물관과 과학박물관은 주말을 맞아 인파가 엄청 몰렸다. 기다리는 줄의 끝이 보이지가 않았다. 박물관을 한 바퀴 빙 둘러싼 것은 아닌지 의심스러웠다. 이날도 원래 자연사박물관을 한 번 더 보려고 했지만 줄이 너무 길어 상대적으로 줄이 없는 V&A 박물관을 택했다. 나중에 한국에 돌아와 이곳 한국관에 전시된 달항아리를 만든 도예가 박부

### 아내의 감성 포인트

V&A 박물관에는 하루 종일을 투자해도 모자랄 정도로 많은 전시관이 있었다. 시간이 모자라 아이들과 체험활동을 할 수 있는 곳과 패션관을 먼저 구경했다. 아르마니, 지방시, 니나리치, 페라가모 등 유명 디자이너가 선물한 이브닝드레스, 앙상블, 스포츠웨어, 칵테일드레스 등 근현대를 망라하는 옷과 구두 등은 상상외로 훌륭했다. 갖고 싶은 욕구가 치밀어오르는 그 자체로 예술품들이었다. 앙드레 김 등 우리나라 작가들의 옷도 있는지 궁금했다.

한국관은 토요일이어서 그런지 대영박물관에서보다 많은 외국인들이 구경하고 있었다. 별 눈에 띄는 것은 없었다. 일반 두루마기와 적삼보다 임금과 왕비의 옷이나 우리의 색동저고리를 전시했다면 훨씬 눈길을 끌지 않았을까 싶다.

특히 커다란 중국 전시관 옆에 조그맣게 딸려 있어 하루빨리 통일이 되어 강국이 되었으면 하는 생각이 들었다. 채은이도 '코리아'를 보며 반가워하고 자랑스럽게 생각했다. 역시 외국에 나오면 애국자가 된다는 말이 맞는 것 같다.

원 씨를 만나고 보니 이날 우연히 V&A 박물관을 관람하게 된 것이 신기하게 여겨지기도 했다.

별 기대를 하지 않고 갔는데 뜻밖에 볼만한 전시가 많았다. 특히 보석관은 대단했다. 어마어마한 크기의 다이아몬드와 루비, 사파이어, 진주가 가득했는데 관리인이 "모두 다 진짜다. 모조품은 하나도 없다"며 굉장하지 않느냐는 듯이 고개를 절레절레 흔들었다. 아내와 아이들은 넋이 나간 표정으로 보석들을 세심히 살폈다. 역시 보석은 나이에 관계없이 여심을 흔드나 보았다.

5시쯤 나와 지하철을 타고 세인트 판크라스 역으로 향했다. 기차를 타기에 앞서 역 건너편 가게에서 피시 앤드 칩스 fish and chips 도시락 3개를 사고, 그 옆 중국식당에서 짬뽕 비슷한 매운 국수와 볶음밥을 포장해 기차에 올랐다. 피시 앤드 칩스 가게에서 종업원이 돈은 다 받고 실수로 도시락을 2개만 싸주어 다시 기다리느라 시간을 많이 소비해 허겁지겁 짐을 찾아 플랫폼으로 향했다. 출국 수속까지 해야 하는데 늦으면 어쩌지 하는 마음으로 급하게 서둘렀다.

다행히 줄이 길지 않고 출국 수속도 기차표와 여권만 훑어보는 수준이어서 출발 10분 전 기차에 오를 수 있었다. 하지만 최소한 30분 전에는 도착하는 것이 좋고, 출근 시간과 겹치거나 성수기 때는 1시간 전에는 도착해야 당황하지 않을 것 같다. 기차에 타자마자 사 온 도시락을 꺼내 먹기 시작했다. 국수에서 묘한 냄새가 나 식당 칸으로 가서 콜라와 함께 먹었다.

기차는 정말 빠르게 움직였다. 도버 해협을 건널 때는 귀가 멍멍했다. 터널을 통과하면서 생기는 공기압 때문에 그런 것 같았다. 낮이었으면 프랑스 시골 경치를 감상할 수 있었을 텐데, 아쉬웠다.

**V&A 박물관 체험 코너** 아이들이 드레스를 입고 포즈를 취하고 있다.

파리 북역에서 내려 택시를 타고 노보텔로 향했다. 도착 시간이 11시가 조금 넘어 지하철을 타기도 그렇고 해서 택시를 탔다. 나중에 안 사실이지만 파리의 지하철은 밤늦은 시간에도 안전하다. 이때도 지하철을 탔으면 돈을 아낄 수 있었다. 아프리카에서 건너온 것으로 보이는 택시 운전사는 영어를 한 마디도 하지 못하고 목적지도 못 찾아 다소 헤맸지만 가격을 속이거나 하지 않았다. 다만 미터기에 18유로라고 되어 있는데 21유로를 달라고 해서 왜냐고 물으니 짐을 가리키며 1유로라고 한다. 트렁크 3개에 3유로.

노보텔에 체크인하고 양말, 속옷 등을 빨아 널어놓은 뒤 씻고 1시쯤 잠이

**시현이의 일기**

아까 막 떠들고 웃었다. 그래도 외투로 가리고 웃어서 잘 안 들렸는데 아빠가 한국인 망신시키지 말라고 했다. 엉뚱한 말이다. 언제는 비둘기를 쫓는데 아빠가 욕먹는다고 그랬다. 비둘기를 쫓는데 왜 욕을 먹을까 궁금했다.

오늘 기차 타기 전에 V&A 박물관에 갔다. 빅토리아 여왕이 선물 받은 게 너무 많아서 박물관을 만들었다고 한다. 디자이너 코너로 갔는데 옷이 엄청 많았다. 난 그중에서 피아노 드레스가 참 좋았다. 옷을 입어보는 코너도 있었는데 옷이 엄청 무거웠다. 그래도 재미있었다.

들었다. 파리 관광 계획이나 숙소를 예약하지 않는 다른 나라 여행이 걱정되어 편하게 자지는 못했다.

## 10월 25일 비용

| 32파운드 | 짐 보관료 |
|---|---|
| 18파운드 | 점심 |
| 65파운드 | 저녁 |
| 21유로 | 택시비 |

# France

# 프랑스

## 프랑스 일정_8일

10월 26일_샹젤리제 거리-프티팔레 미술관-전쟁박물관 27일_루브르 박물관-노트르담 대성당- 퐁네프 다리 28일_로댕 미술관-오르세 미술관-개선문-에펠탑 29일_노트르담 대성당-콩시에르쥬리-생트샤펠 성당-튈르리 정원 30일_베르사유 궁전-오르세 미술관 31일_몽마르트르 언덕-몽마르트르 묘지-데카르트 광장-특파원 후배 집 11월 1일_지베르니 2일_벼룩시장-오베르쉬르우아즈

# 예술의 도시 파리에서의 첫날은 런던과 달리 쾌청

## 박물관 관람 무제한 허용하는 뮤지엄 패스 구입

개선문에 조각되어 있는 부조

아침에 일어나니 날씨가 쾌청했다. 런던과 파리의 날씨는 확실히 달랐다. 날씨가 다르니 기질도 차이가 나겠지. 1회용 지하철 티켓인 카르네를 20장 어른 10장, 아이 10장 사서 지하철에 올랐다. 카르네는 10장 단위로 사면 조금 할인해준다. 싼 호텔을 고르다 보니 변두리에 있는 노보텔 노르드를 고르게 되었다. 하지만 지하철역과 걸어서 3분 거리인 데다 파리 도심까지 40분이면 충분해 별 불편함이 없었다. 파리에서는 도심에 있는 호텔보다는 외곽의 싸고 널찍한 호텔을 골라 편히 먹고 자고 하는 것이 더 낫겠다는 생각이다.

개선문을 보니 웅장했다. 우리의 독립문을 떠올리며 잠깐 서글픈 마음이 들었다. 엄청난 크기와 멋진 조각을 감상한 뒤, 내부는 뮤지엄 패스를 끊은 뒤 보기로 하고 샹젤리제 거리를 따라 걸었다.

줄지어 있는 노천카페에서 커피를 즐기는 사람들이 참 여유 있어 보였다. 삶이란 그래야 하는 것 아닌가 싶었다. 점심시간에 쫓기듯 밥 먹고 커피도 사무실에 갖고 와 먹었던 직장생활이 오버랩 됐다. 물론 그 사람들도 직장에 가면 한 손은 컴퓨터 자판을 두드리고 다른 한 손은 휴대전화를 들고 정신없이 일할지도 모르겠다. 그러나 눈앞에서 그렇게 풍요로운 오전을 보내는 것으로 보아 그들은 우리와 다른 삶의 질을 누리고 있음이 분명했다.

파리 뮤지엄 패스

커피를 누구보다 좋아하는 데다 고흐의 〈밤의 카페 테라스〉에서처럼 고즈넉한 저녁에 에스프레소를 마시고 싶어 하던 아내를, 일정을 핑계로 파리 시내 카페에 한 번 안 데려간 건 지금

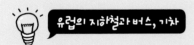

### 유럽의 지하철과 버스, 기차

유럽의 지하철과 버스, 기자의 문은 자동이지만 사람이 버튼을 누르거나 고리를 들어 올려야 한다. 버튼은 동그랗거나 네모나게 생겼고, 고리는 파리에서만 본 것 같다. 고리 손잡이를 시계방향으로 돌리면 문이 열린다.

재미있는 것은 타려는 사람도 밖에 달린 버튼을 눌러야 문이 열린다는 것이다. 내리는 사람이 있으면 그 사람이 문을 열어 상관없지만 내리는 사람이 없으면 밖에서 버튼을 살짝 눌러주면 된다. 버스도 마찬가지다. 문이 안 열리면 밖에 있는 버튼을 누르면 된다. 이도 저도 신경 쓰기 귀찮다면 사람이 내리려는 문을 찾아 내리면 된다. 현지 사람들도 가끔 헷갈리는 듯 기다리다 '아, 참!' 하고 버튼을 누르는 사람도 여럿 봤다.

하지만 걱정할 필요는 없다. 노선 방향이나 환승시설이 잘 되어 있어 노선이나 역을 착각해도 되돌아오면 된다.

생각하면 자살행위나 다름없었다. 이 일로 아내는 두 번 다시 나랑 유럽여행을 다니지 않겠다고 선언했다. 그리고 귀국해 혼자 유럽여행을 다시 가기 위해 적금을 들기 시작했다. 아내는 한다면 하는 여자여서 분명히 파리에 다시 올 것이다.

프티팔레 미술관에 들어가 인상파 화가의 그림을 봤다. 특히 로트레크가 많았다. 금빛으로 빛나는 알렉상드르 3세 다리를 지나 전쟁박물관으로 향했다. 이곳에서 96유로를 주고 4일간 쓸 수 있는 뮤지엄 패스 2장을 샀다. 아이들은 무료다. 내일부터 무조건 박물관을 두 곳씩 돌아다니자고 아내와 다짐했다. 튈르리 정원에서 아이들에게 와플이랑 소시지를 사줬더니 엄청 좋아했다.

일요일이라서 그런지 문을 연 상점이 없었다. 할 수 없이 지하철역 자동판매기에서 조그만 페트병 물을 1유로 70센트씩 주고 사 마셨다. 나중에 대형

**채은이의 일기**

콩코르드 광장은 사람들이 북적북적 붐비는 곳이었다. 일요일이라 그런지 사람들이 유난히 많았다. 이곳에는 프랑스 8대 도시를 상징하는 여신상과 분수, 이집트로부터 기증받은 룩소르 신전의 오벨리스크도 있다. 처음엔 평범한 광장 영국의 트라팔가르 광장처럼 올라갈 수 있는 사자상도 없어서 재미없는 곳이라 생각했다 이라고 생각했지만 역사를 알고 나니 새롭게 보였다.

프랑스 혁명 때에는 이곳 오벨리스크가 있는 자리에 단두대가 있었다고 한다. 1793년 그 단두대에서 루이 16세와 왕비 마리 앙투아네트, 로베스피에르 등 1,343명이 처형되었다고 한다. 끔찍하다. 1,000명이 넘게 사람을 죽이다니. 그래서 나중에 이 끔찍한 역사를 잊기 위해 단두대를 철거하고 이 광장의 이름을 화합을 뜻하는 콩코르드라고 지었다고 한다.

일요일에는 식당을 제외한 대부분의 슈퍼가 문을 닫아서 물을 구하기가 몹시 어려웠다. 1.5리터에 40센트면 구입할 에비앙 생수가 지하철 자판기에서는 1유로 70센트로 뛰더니 거리의 조그만 매점에서는 2~2.5유로, 카페에서는 4유로로 뛰었다. 물 인심이 우리나라만 한 곳이 없다. 조금 야박한 곳이 '물은 셀프서비스' 정도니까.

할인점에 가보니 1.5리터짜리 생수 한 통이 40센트밖에 안 되었다. 꽤 심한 바가지다.

늦게 일어난 데다 동절기에 접어들어 박물관들이 일찍 문을 닫는 바람에 아쉬운 마음을 뒤로하고 지하철을 타러 갔다. 입구에 노숙자가 있는데 악취가 코를 찔렀다. 지하철 플랫폼까지 가는 길에도 군데군데 지린내가 났다. 런던보다 전반적으로 지저분하다는 느낌이었다. 관용 톨레랑스 이 풍부한 나라여서 노숙자도 많나 보다 생각했다.

몇십 년 전까지 알제리를 식민지로 보유했던 데다 이민에 비교적 관대한 정책을 편 나라답게 흑인, 아랍인, 인도인 들이 확실히 많이 눈에 띄었다. 중국인도 역시 많았다.

전쟁박물관은 너른 광장과 건물 외벽에 조

전쟁박물관 지붕의 채광창 창둘레를 조각으로 장식했다.

각된 기사상이 인상적이었다. 안에는 나폴레옹의 무덤이 있고 다양한 무기들도 전시되어 있다. 아이들은 광장에 진열된 대포에 올라가기도 하고 이쪽 저쪽 뛰어다니면서 놀았다.

사진을 찍으려는데 디지털카메라의 메모리가 꽉 차 지워가면서 사진을 찍었다. 아내 말대로 노트북을 사 가지고 올걸 하는 후회가 밀려왔다. 짐을 뒤지다 보니 카메라를 외장 하드에 연결하는 선도 안 가지고 왔다. 숙소에 들어가 빨래하고 한 번 더 봉지 라면을 끓여 먹었다. 식당에서 먹으려고 했는데 문을 연 데가 많지 않고 가격도 비싸 라면과 즉석밥 신세를 지기로 했다.

여기서 주의! 일요일은 쇼핑센터도 문을 닫는다. 그러므로 전날 물이나 과일, 간단한 스낵, 샌드위치 등을 2, 3일치 미리 사놓는 게 좋다. 우리는 이날 경험으로 토요일 저녁에 꼭 쇼핑을 했다. 특히 과일이나 채소 값이 비교적 싼 편이어서 바나나, 사과, 포도, 귤, 당근, 오이 등은 항상 푸짐하게 사 가지고 다녔다.

### 10월 26일 비용

| 11.4유로 | 카르네 : 어른 10장 |
|---|---|
| 5.5유로 | 카르네 : 아이 10장 |
| 96유로 | 뮤지엄 패스 |
| 18유로 | 점심 : 샌드위치, 바게트빵 등 |
| 10유로 | 간식 |

# 호텔을 예약할 때는 아침이 나오는 곳이 좋아
## 속이 든든해야 여행도 즐거운 마음으로 할 수 있어

다음 날 침대에서 미적거리다 8시에 일어났다. 피로가 조금씩 쌓여가는 것 같다. 아이들이 아침에 일어나는 것을 힘들어했다.

아침을 든든히 먹고 10시쯤 숙소를 나섰다. 지하철로 향하는데 사람들마다 장본 것을 한 봉지씩 들고 있었다. 따라가 보니 대형 할인 상점이 있었다. 우리도 얼른 들어가 물, 포도주, 맥주, 빵, 잼, 샌드위치, 과자, 바나나, 초콜릿, 요구르트, 우유 등을 샀다. 가격이 정말 싸 마치 횡재한 느낌이었다. 카메라 메모리칩도 샀다. 4기가짜리가 10유로가 채 안 되었다.

호텔을 예약할 때는 되도록 아침이 나오는 호텔을 잡는 게 좋다. 아침을 든든하게 먹으면 덜 피곤할뿐더러 오후 두세 시까지도 배가 고프지 않다. 점

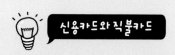

## 신용카드와 직불카드

여행할 때 현금을 많이 갖고 다니면 항상 도난에 신경 써야 한다. 복대를 하고 다니면 좋지만 여름철 복대는 상상만 해도 싫다. 이때 필요한 것이 신용카드와 직불카드다. 신용카드만 갖고 다니면 분실했을 때 난감할 수 있다. 또 결제 한도가 초과되면 낭패다. 그래서 보조수단으로 직불카드가 필요하다. 직불카드는 비밀번호를 눌러야 해 잃어버려도 큰 부담이 없는 데다 그때그때 ATM에서 돈을 인출해 사용하므로 편리하다. 우리 가족은 신용카드 2장, maestro · cirrus 직불카드 각 1장씩 갖고 다녔다. 직불카드 계좌에는 1,000만 원을 입금해놓았다.

심을 샌드위치나 빵, 잼, 과일 등으로 가볍게 넘길 수 있어 시간과 돈을 상당히 효율적으로 관리할 수 있다. 유럽은 물가가 엄청 비싸 영국이 특히 비싼 줄 알았는데 이미 파운드화와 유로화 가치 차가 거의 없었다 한 끼 식사를 절약하는 게 꽤나 도움이 된다. 한 끼 식사 값으로 한 군데 더 들어가 본다는 마음가짐이면 코로 스며드는 향기를 물리치고 편안하게 허리띠를 졸라맬 수 있다.

아내의 염원이었던 루브르에 12시가 다 되어서 도착했다. 간단하게 짐 검사를 받은 뒤 지도를 꺼내고 발 빠르게 관람을 시작했다. 어차피 다시 올 거라는 생각으로 중요 그림만 먼저 보기로 하고 도는 데도 시간이 엄청 걸렸다. 교과서나 도록에서만 보던 그림을 실제 눈앞에서 보니 정말 이상한 기분이 들었다.

## 아내가 염원했던 루브르 박물관에 드디어 입성

**교과서에서 나오는 그림 보느라 넋이 나가**

아내가 염원했던 루브르 박물관에 도착했다. 한참을 줄을 선 뒤 오디오 안내기를 2개 빌렸다. 2009년부터 우리나라의 한 대기업 후원으로 한국어 안내기도 제공되고 있었으나 안타깝게도 이미 다 대여 중이었다. 할 수 없이 영어 안내기를 빌려 들고 다녔다. 아내와 내가 애들을 한 명씩 데리고 다니면서 설명해주자는 의도였다. 어른이 빌릴 때와 아이가 빌릴 때 요금 차이가 나 우리는 비용을 조금이라도 아끼기 위해 아이용으로 빌렸다. 기기에 차이는 없다.

루브르가 대영박물관과 다른 점이 있다면 플래시만 터뜨리지 않으면 사진을 마음대로 찍을 수 있다는 것이다. 사람이 제일 많이 몰리는 다빈치의 〈모나리자〉 앞에서는 플래시를 터뜨리는 사람도 많았다. 대부분 나이 든 유럽인이었는데 이들도 플래시를 터뜨리면 안 된다는 것을 모르는바 아니지만 디지털 카메라의 작동법을 몰라 그러는 경우가 많단다. 플래시를 하도 많이 터뜨려 통제가 안 되니 미술관 직원도 포기한 듯 제지하지 않았다. 사실 〈모나리자〉는 그림 크기가 생각보다 작아 약간 실망했다. 다만 그림 앞에 설치된 둔중한 유리 차단막이 그림의 중요성을 대변하고 있었다.

루브르 박물관의 유리 피라미드

루브르 박물관의 한 도자기 문양  어린 천사들이 마치 말뚝박기를 하며 노는 듯하다.

〈밀로의 비너스〉, 〈사모트라케의 니케〉, 〈모나리자〉, 〈가브리엘 자매〉, 〈암굴의 성모〉, 〈오달리스크〉, 〈만종〉, 〈나폴레옹 대관식〉, 〈메두사호의 뗏목〉, 〈민중을 이끄는 자유의 여신〉, 고흐, 고갱, 마네, 모네, 드가 등 미술 교과서에서나 감상했던 조각과 명화로 눈을 호강시킨 뒤 폐관시간이 다 되어 유리 피라미드 쪽으로 나왔다.

1989년 중국계 미국인 건축가 I. M. 페이가 설계한 이 유리 피라미드 채광

창은 설계 당시부터 상당한 논란을 불러일으켰단다. 고풍스러운 건물과 전혀 어울리지 않는다는 게 이유였다. 하지만 에펠 탑 논란이 없어진 것처럼, 유리 피라미드 논란도 이제는 사라졌고 오히려 명물이 되어버렸다. 그래도 내 눈에는 어색했다. 가우디한테 맡겼다면 어떻게 되었을까.

진작에 흥미를 잃고 빨리 나가자며 보채는 아이들을 달래가며 힘겹게 구경했다. 나중에 아무리 졸라도 소용없다는 걸 안 아이들은 의자에 앉아 자기들끼리 장난치며 놀았다. 그리고도 싫증 나니까 소파에 비스듬히 눕기도 하고 엎드려 자는 척도 했다. 그래도 큰애를 살살 달래가며 유명한 명화는 꽤 구경시켰다.

루브르를 나와서는 센 강을 따라 노트르담 성당으로 향했다. 배를 타고 지

**채은이의 일기**

말로만 듣던 루브르에 오다니 이게 꿈은 아니겠지. 난 원래 그림이나 조각상 보는 걸 즐기지 않지만 루브르에는 나중에 중학교에 가서 배우게 될 그림들이 많이 전시되어 있어 미리 봐두려는 것이다.

오늘 본 작품 중에 가장 기억에 남는 것은 〈가브리엘 자매〉와 〈모나리자〉다. 〈가브리엘 자매〉는 퐁텐블로파의 화가가 그린 그림인데 모델들이 이상한 포즈를 해 기억에 남았다. 언니 가브리엘 데트레의 유두를 동생이 만지고 있는 모습이다. 데트레는 매우 아름다운 여인으로 당시 앙리 4세의 총애를 받으며 화려한 삶을 살다 26세의 나이에 죽었다고 한다. 앙리 4세는 그녀의 가슴을 특히 사랑해서 화가들에게 언제나 그녀의 가슴을 돋보이게 그리라고 했고, 이 그림도 동생이 언니의 유두를 만짐으로써 관람객의 시선이 자연스럽게 그녀의 가슴에 모이도록 했다. 아무튼 재미있는 그림이었다.

〈모나리자〉 앞에는 사람들이 너무 많아서 제대로 보지 못했다. 〈모나리자〉는 루브르에서 가장 인기 있는 그림이라고 했다. 제대로 보지 못했지만 그림에서나 보다가 이렇게 진품으로 보고 사진도 한 장 찍은 게 어디야. 영광이다.

나가는 관광객들에게 손을 흔들어주니 밝은 얼굴로 되받아주었다. 퐁네프 다리를 지나는데 안내판이 보였다. 퐁네프가 새로 지은 다리라는 뜻이지만 실제로는 가장 오래된 다리라는 설명을 읽고 미소가 지어졌다.

노트르담 성당은 웅장했다. 야경을 감상하려는 사람들로 늦은 시간에도 앞 광장이 붐볐다. 사진을 몇 장 찍고 인근 중국식당에 가서 국수를 사 먹었다. 우리 부부는 약간 매콤한 국수를, 아이들에게는 만두 국수를 시켜줬다. 여행책에서 추천해 한참을 묻고 헤맨 끝에 찾아간 집이지만 그렇게까지 찾아다닐 만한 집은 아니라는 생각이 들었다.

**밀로의 비너스 뒷모습** 배낭여행의 묘미는 이렇게 알려지지 않은 뒷모습을 볼 수 있다는 게 아닐까.

저녁을 먹고 피곤한 몸을 이끌고 호텔로 돌아왔다. 양말과 속옷을 빨려니 귀찮았지만 미뤄두면 나중에 더 곤란할 것 같아 아내가 낑낑거리며 한꺼번에 빨았다.

### 10월 27일 비용

| 12유로 | 오디오 안내기 임대료 |
|---|---|
| 9유로 | 점심 간식 |
| 45유로 | 저녁 |

# 마구 돌아다닐 생각에 카르트 오랑주 끊어

## 얼마나 피곤한지 작은애는 지하철에서 선 채 잠들어

파리 교통카드인 **카르트 오랑주**  사진이 필요하므로 출국전 반명함 사진 3,4장을 챙겨 가는 것이 좋다.

아침에 일주일치 카르트 오랑주 1주 또는 1달 무제한 파리 지하철 이용권 를 샀다. 1인당 22유로 큰애도 할인이 안 되어 성인표를 끊었다 에다 작은아이용 파리 비지트 1, 2, 3, 5일 파리 및 근교 대중교통 이용권 11.4유로 를 포함해 80유로 가까이 들었다. 하지만 지하철이나 버스를 해당 기간 동안 무제한 쓸 수 있는 것이므로 훨씬 경제적이다. 또 이런 것을 끊어야 본전 생각이 나서 열심히 돌아다닌다. 파리에서 특파원을 하는 후배는 그냥 까르네 1회권 를 끊어서 다니면 된다고 하는데, 카르네는 10장에 11.4유로인 점을 감안하면 카르트 오랑주가 훨씬 이익이다.

나는 카메라 메모리칩을 호텔에 놓고 와서 다시 칩을 사느라 이날 하루만 숙소 → 로댕 미술관 → 오르세 → 샹젤리제 → 오르세 → 개선문 → 에펠 탑 → 숙소까지 8번 지하철을 탔다. 거의 10유로를 써야 했지만 카르트 오랑주가 있어 혜택을 본 셈이다.

오르세에서는 진짜 명화를 많이 봤다. 앵그르, 고흐, 고갱, 들라크루아, 로트레크, 모네, 마네 등. 앞서 로댕 미술관도 좋았다. 로댕 미술관에 있는 〈칼레의 시민〉은 정말 감동적이었다. 100년 전쟁 당시 영국에 함락된 뒤 시민들을 구하기 위해 스스로 목에 밧줄을 걸고 자발적으로 처형장을 향해 걸어가는 시민 대표들. 그중 한 명은 아직도 마음이 정리되지 않은 듯 말을 하고 있었다. 나머지는 비탄에 잠긴 표정이었다. 가족들의 반대를 무릅쓰고, 살고자

**채은이의 일기**

오르세 미술관에도 〈피리 부는 소년〉, 〈풀밭 위에서의 식사〉, 〈만종〉 등 유명한 그림이 많았다. 하지만 내 기억에 남는 것은 딱 두 점이다.

하나는 〈샘〉이다. 이 작품은 앵그르가 36년이라는 긴 세월 동안 작품을 손봐 완성했다고 한다. 그래서인지 정말 예뻤다. 흘러내리는 물이랑 작품 속 여인은 너무나 완벽하고 아름다웠다.

파리 개선문을 아래서 올려다본 모습. 가운데 꽃 중앙의 까만 부분이 카메라다.

두 번째 작품은 결코 아름다워서가 아니라(이 그림이 아름답다면 미친 사람일 것이다) 너무나도 충격적이기 때문이었다. 그동안 수많은 남녀 누드화를 봤지만 이건 정말 심했다. 여자의 성기를 떡하니 그려놓은 이 그림은 쿠르베가 그린 것이다. '으웩', 이 그림은 미성년자 관람 불가로 처리해야 할 것 같다.

개선문에서 본 야경은 멋졌다. 하지만 나는 무서워서 막아놓은 울타리를 잡고 기어 다니다시피 했다. 그래도 정말 말로 표현할 수 없을 만큼 멋진 야경이었다. 야경을 보고 내려가는데 커다란 TV가 개선문 밑을 지나가는 사람을 비추고 있었다. 동생이 먼저 내려가서 손을 흔든다고 해서 같이 내려갔다. CCTV 카메라는 개선문 한가운데 꽃 문양에 숨겨져 있었다. 그걸 쳐다보며 손을 흔들다 나중에는 막 춤도 췄다. 그걸 엄마 아빠가 동영상으로 찍었다고 한다. 에펠 탑에도 갔다. 에펠 탑에도 올라 야경을 보기로 했는데 비싼 입장료 내면서 아까 본 야경을 또 보는 것도 아까워 그냥 조명 쇼만 보고 말았다. 멋진 구경을 한 하루였다.

에펠 탑의 조명쇼

하는 욕망도 저버린 채 스스로 죽으러 가는 사람들이 어떻게 비탄에 잠기지 않을 수 있단 말인가. 로댕이 처음에는 영웅적으로 묘사했다가 나중에 이처럼 바꾼 게 당연하다는 생각이 들었다. 원래 의도했던 작품도 전시되어 있었다.

단테의『신곡』지옥 편에서 영향을 받은 〈지옥의 문〉은 미켈란젤로의 〈최후의 심판〉과 비슷해 보였다. 그 문 맨 꼭대기에 '3명의 악령' 입상이 있는데 큰애가 셋 다 주먹을 쥐고 있는 모습 원래는 손가락이 있어 지옥을 가리키고 있음 을 보고, 가위바위보를 하는데 셋 다 주먹을 내 낭패해하는 모습이라고 우스갯소리를 해 한참을 웃었다.

메모리칩 용량이 모자라 아내와 애들이 오르세에서 감상하는 동안 나는

### 아내의 감성 포인트

에펠 탑 조명 쇼를 보러 가니 입구에서부터 에펠 탑 모형과 열쇠고리, 야광 프로펠러를 파는 뜨내기 상인들이 야단법석이었다. 대부분 흑인이었다. 들어가는 길에 귀찮을 정도로 달라붙어 가격을 불러댔다. 야경을 구경하고 나오는 길에 역시 흑인들이 달려들어 프랑스어로 판촉을 해댔다.

흥정 끝에 유리로 만든 색깔 변하는 에펠 탑 모형 2개를 9유로에 샀다. 원래는 한 개에 10유로를 불렀던 것이다. 맘에는 썩 안 들었지만 선물용으로 샀다. 또 4개의 금색 열쇠고리를 거저 준다는 것을 6개를 더해 1유로에 샀다. 관광지에서 멀어질수록 가격이 내려간다는 관광지 가격체감의 법칙이 다시 한 번 증명된 셈이다.

혼자 샹젤리제 거리에 가서 8기가짜리 메모리칩을 사 왔다. 지하철 타는 것도 점점 익숙해지면서 파리지엥이 되어 가는 것 같았다. 6시에 오르세에서 나와 개선문으로 갔다. 뮤지엄 패스를 이용해 꼭대기에 오르니 방사형의 파리가 한눈에 들어왔다. 내부는 아기자기하게 꾸며놨다. 또 적외선 CCTV가 바닥을 비춰 행인이 지나가는 게 보였다. 두 아이가 먼저 내려가 우리더러 보라고 CCTV 아래서 마구 춤을 추었다. 다시 지하철을 타고 에펠 탑으로 갔다. 인근 카페에서 저녁을 시켜 먹고 20여 분간 펼쳐지는 야경 쇼를 봤다. 빛의 향연이었다. 노점상과 흥정을 해 처음 가격의 거의 반값에 에펠 탑 유리 모형 2개를 사고 열쇠고리 5개를 공짜로 받았다. 10시가 거의 다 되어서 숙소로 향했다. 시현이가 얼마나 피곤했는지 지하철에서 선 채 잠이 들어 사진을 찍었다. 옆에서 지켜보는 외국인들도 신기해하며 웃었다.

### 10월 28일 비용

| | |
|---|---|
| 77.6유로 | 카르트 오랑주 |
| 10유로 | 메모리칩 |
| 33유로 | 짐심 |
| 46유로 | 저녁 |
| 10유로 | 기념품 |

# 노트르담의 멋진 모습에 감탄하다

## 놀이터 회전놀이기구에서 큰애가 망신당해

집을 떠난 지 꼭 10일째였다. 아침마다 샌드위치를 2개씩 먹고 요구르트와 계란도 엄청 먹어뒀다. 꼭 배가 고파서가 아니라 힘든 일정을 버텨내기 위한 조치였다. 억지로 챙겨 먹다 보니 사실 물리기도 했다.

뭉그적거리다 8시에 일어났다. 카메라 충전이 안 되어 다시 2시간을 허비해야 했다. 이 틈을 이용해 마트에 다녀오기로 하고 작은애랑 함께 가 소시지, 빵, 바나나, 아이스크림 등을 샀다. 노트르담에 도착하니 벌써 12시. 천금 같은 시간을 허투루 낭비해 아까웠다.

하지만 노트르담을 보는 순간 압도당했다. 밤에 볼 때는 몰랐는데 정말 멋있었다. 정면의 성인 조각이나 내부의 궁륭천장, 벽면의 스테인드글라스, 테두리 조각 등 뭣 하나 그냥 지나치기 어려웠다. 돌 하나하나에 정성이 가득했다. 150년씩이나 걸려 만들었다는 걸 인정할 만했다. 베르사유 궁전이 50년 걸렸다는데 150년이라니.

뒤태도 멋있다고 해서 뒤쪽으로 가니 세월의 무게가 고스란히 드러났다. 지붕의 무게를 분산하기 위해 밖으로 빼놓은 지지대가 몹시 낡아 있었다. 첨탑 중에서도 사라진 것이 많았다.

바로 뒤 놀이터에 앉아 잠시 쉬어 가려고 하니 애들이 벌써 빙글빙글 돌리는 놀이기구로 달려갔다. 애들이 번갈아 타고 놀기에 달려가 두 아이를 한꺼번에 올려놓고 돌렸는데, 너무 심하게 돌려 큰애가 나가떨어졌다. 다행히 다치지는 않았는데 아내가 이를 동영상으로 찍어놓아 보고 또 보며 웃었다. 신

**노트르담 성당의 뒷모습** 지지대와 첨탑이 많이 낡고 부서져 있었다.

나게 노는데 프랑스 애들이 안달하며 기다리고 있어 양보해줬다.

발 도장을 찍으면 파리를 다시 오게 된다는 포엥 제로 Point Zero 에 발 도장을 찍고 인근 콩시에르쥬리에 들렀다. 프랑스 혁명 당시 마리 앙투아네트가 처형을 기다리며 묵었던 방과 이웃 생트샤펠 성당의 스테인드글라스를 봤다. 한창 스테인드글라스의 때를 벗기는 중이어서 반만 관람했다. 스테인드글라스로는 최고의 걸작이라는 평가처럼 장미 문양의 정면 스테인드글라스는 정말 멋있었다. 하지만 대법원 건물과 통로가 같아 입장하는 데 마치 공항 입국 수속처럼 검색이 엄해 기다리는 시간이 너무 지루했다. 성수기 때는 굳이 볼 필요가 없을 것 같다. 아내가 검색 도중 여권을 떨어뜨려 주우려다가 책상 밑에서 5유로 지폐 2장을 줍는 횡재를 했다.

튈르리 정원에서 빵, 잼, 사과, 포도, 우유, 소시지 등으로 점심을 먹었다.

생트샤펠 성당의 화려한 스테인드글라스

나름대로 성찬이었다. 이 정도면 되었지 더 뭘 바라겠는가.

수요일과 금요일은 루브르가 오후 9시 45분까지 개관하므로 다시 들러 못 봤던 그림을 찬찬히 보기로 했다. 사실 루브르에서는 제리코의 〈메두사호의 뗏목〉과 다비드의 〈호라티우스 형제의 맹세〉, 〈마라의 죽음〉, 〈나폴레옹의 대관식〉 등이 좋았다. 〈메두사호의 뗏목〉은 중학교 때 미술 교과서에서 본 뒤 꼭 한 번 보고 싶었던 것이다. 배를 난파시킨 무능한 선장과 선원들이 탈출선과 승객이 탄 뗏목이 연결된 밧줄을 일부러 끊고 달아나, 남은 승객들이 인육을 먹어가면서 버텨 15명이 살아남았다는 이야기를 그린 그림이라는 설명이 당시 나에게 무척이나 충격으로 다가왔던 것 같다. '어른 지도자 은 무조건 공경해야 한다'는 믿음에 대한 배신이 나에게 '코페르니쿠스적 전환' 같은 효과를 가져왔던 것 같다.

다비드의 그림은 연극 같아 보이는 게 좋았다. 힘차고 웅장하지만 뭔가 현실이 아닌 것 같다는 아이러니 말이다. 그림으로 표현된 표어 같다는 느낌이다. 힘은 있지만 가슴에 오래 남지 않는다. 프랑스 혁명 당시 마라, 로베스피에르와 친했던 화가가 나중에 나폴레옹의 궁정화가가 된 것 역시 정말 연극 노트르담은 우리 동네의 요한 성당과는 비교도 안 되게 크고 멋지고 깊은 역사를 지닌 곳이었다. 난 여태까지 분당 요한 성당이 정말 멋진 성당이라고 생각해왔는데······. 노트르담은 1455년 잔 다르크의 명예회복 재판, 1572년 앙리 4세와 마르그리트 왕녀의 정략결혼, 나폴레옹의 대관식, 미테랑 전 대통령의 장례식 등이 치러진 곳이라고 했다. 노트르담 대성당을 보고 있자니 자꾸 요한 성당이 생각났다. 파리 앞에서 자꾸 작아지는 대한민국이여.

루브르는 저번에 갔었지만 다 못 봐 이번에 또 간 것이다. 우리 가족은 뮤지엄 패스가 있어 공짜로 들어갔다. 뮤지엄 패스는 적극 추천이다. 다시 봐도 루브르는 정말 크고 멋진 곳이다. 하긴 한때 이곳이 궁전이었다고 하니까. 저번에 봤던 그림을 빼고 후딱 둘러봐서 2시간 만에 그림을 모조리 감상했다. 이 큰 박물관에 있는 그림을 다 구경했다는 게 도무지 믿어지지 않았다.

같은 반전이 아닌가.

〈나폴레옹의 대관식〉 같은 경우도 다비드가 직접 대관식에 참석해 사실적으로 그린 그림이지만, 참석하지 않은 나폴레옹의 어머니를 삽입하고 왕비 조제핀을 젊게 그리는 등 가공을 했다. 이발소에 많이 걸려 있던 〈생베르나르 산을 넘는 나폴레옹〉 역시 노새를 타고 알프스를 넘은 나폴레옹을 영웅시한 그림이다. 하지만 전체적으로 그림은 오르세가 더 낫다는 게 우리 부부의 생각이다.

전철을 타고 숙소로 돌아오는데 같은 호텔을 쓰는 프랑스 가족을 만났다. 아이가 셋인데 그쪽 6살짜리 막내가 자꾸 우리 작은애에게 장난을 걸었다. 나이 차는 2살이 나는데 시현이가 작아 만만해 보였나 보다. 귀여웠다.

다음 날에는 베르사유로 갈 예정이었다. 작은애가 자전거 타고 놀고 싶다고 가자고 노래를 부르던 곳이었다. 아침에 일찍 일어나 다음 일정인 스위스 쪽 숙소를 알아봐야겠다고 생각했다.

**10월 29일 비용**

| | |
|---|---|
| 22유로 | 점심 |
| 28유로 | 저녁 |
| 12유로 | 콩시에르쥬리 입장료 |
| 38.4유로 | 먹을거리 쇼핑 |

## 베르사유 그 환상의 정원에 반하다
### 루이 14세 시절 귀족들의 밀회 장소

피로가 가시지 않았다. 40대 중반에 배낭여행은 좀 무리라는 생각도 들었다. 노는 것도 힘이 있어야 한다. '노세 노세, 젊어서 노세, 늙어지면 못 노나니'라는 노래가 괜히 있는 게 아니다. 다 놀아본 사람의 지혜가 담겨 있는 것이다.

힘들더라도 이 추억은 아이들이 앞으로 살아가는 데 많은 힘이 될 것으로 기대한다. 엄마나 아빠가 그리울 때 이 유럽여행을 떠올리며 추억을 되새김질할 것이다. 또 시험공부나 직장 일로 갇혔다는 생각이 들 때 더 넓은 세상이 있다는 것을 환기하고 다시 마음을 다잡을 것이다.

여행이 주는 매력은 일탈이다. 궤도에서 벗어남이다. 몸은 움직이지만 정신은 휴식을 취하는 것이다. 쉴 때 생각이 정리되고 아이디어도 떠오른다. 아인슈타인은 바이올린을 켜면서 아이디어를 얻었고, 스티브 잡스는 큰 결정은 대개 집 주위를 산책하면서 내렸다고 한다. 심지어 어떤 사람은 생각은 머리로 하는 게 아니라 발로 하는 것이라는 말을 남기기도 했다. 다시 궤도에 진입해 일상을 이어가더라도 이때 얻은 추억은 두고두고 휴식처로 작용하게 된다.

베르사유에 갔다. 레르 C5선을 타니까 30분이 채 걸리지 않았다. 지하철 표를 보면 찾아가는 게 어렵지 않다. 다만 국철을 처음 타다 보니 어느 게 어

**채은이의 일기**

베르사유 궁전은 겉에서는 그렇게 멋져 보이지 않았다. 겉은 별 장식도 없고 밋밋했는데 안으로 들어가 보니 방이 온통 황금과 보석, 그림으로 장식되어 번쩍번쩍 빛이 났다. 베르사유에는 왕실 예배당, 왕의 침실, 비너스의 방, 거울의 방 등 엄청나게 많은 방이 있는데 방마다 금과 장식품들이 가득한 걸로 봐서 왕족들의 사치스러움이 어마어마했다는 걸 알 수 있었다.

베르사유에서 방보다 더 멋진 곳은 정원이었다. 세상에 얼마나 아름다운 정원이었는지! 청와대, 경복궁은 저리 가라. 베르사유 정원에 들어서니 내가 동화 속에 들어온 것 같은 기분이 들었다. 자전거를 빌려서 정원 한 바퀴를 빙 돌았는데 세상에서 베르사유보다 멋진 정원은 없을 거라는 생각이 들었다. 옛날 베르사유에는 화장실이 없어 나무 사이에 아무렇게나 용변을 봤다는데 지금은 깨끗하고 아름다워 다행이었다.

오르세 미술관은 루브르처럼 다 둘러보지 못해서 또 왔다. 여기도 뮤지엄 패스로 공짜로 들어왔다. 나는 오르세 미술관에서 내가 제일 좋아하는 그림 〈샘〉 앞에서 오랫동안 시간을 끌었다.

베르사유 궁전 안에 전시된 침대

디로 가는지 처음에 조금 헛갈렸다. 카르트 오랑주로 국철을 갈아타는 데까지 가서 그곳에서 유레일패스를 보여주면 표를 내준다. 역무원이 친절하게 시간도 알려준다. 그래도 모르겠으면 역시 물어보는 게 최고다. 그냥 "베르사유"만 말해도 친절하게 알려준다. 올 때는 아무 기차나 다 파리로 돌아오므로 신경 안 써도 된다.

비수기인데도 인파가 엄청났다. 성수기 때는 어떨지 상상이 갔다. 나무 그늘도 없는 데서 거의 2시간을 기다렸다. 한여름 성수기 때는 줄이 이보다 훨씬 길다니까 양산이라도 준비해야 할 일이다. 정말 그늘이라고는 눈을 씻고 찾아도 없었다.

아이들에게는 광장에서 뛰어놀라고 했다. 아이들이 담벼락에 올라가 외줄타기 놀이를 하니 외국 애들도 따라 했다. 우리 애들이 극성인지 외국 애들이 점잖은 건지 알 수 없었다. 하지 말라고 말리니 뾰로통해졌다.

베르사유에 들어서니 기다린 시간이 아깝지 않았다. 궁전 정면에서 엄청난 크기의 십자형 호수공원이 한눈에 내려다보였다. 기분이 금세 상쾌해졌다. 절대군주 태양왕 루이 14세의 힘을 느끼게 해줬다. '그 정도 되니까 저 정도 규모의 호수 정원을 만들었겠지.' 루이 14세의 기마상은 입구 광장에 늠름하게 서 있었다.

쭉쭉 뻗은 나무들이 길 양옆에 벽처럼 늘어서 시야를 차단해주기 때문에 당시 귀족들이 이 정원에서 밀회를 마음껏 즐겼다고 한다. 애써 분위기 잡지 않아도 저절로 분위기가 잡히니 당연한 듯도 했다.

호수 둘레를 자전거로 돌아본 것은 잊을 수 없는 경험이었다. 아내와 아이들이 무척 좋아했다. 매일 그 길을 산책하거나 조깅하면 모든 근심이 사라질 것 같았다. 파리에서 특파원을 하는 후배 얘기로, 한 특파원은 물가가 비싼 파리를 벗어나 베르사유 근처에 숙소를 마련하고 매일 조깅을 한다고 했다. 기차로 출퇴근하는 데 30, 40분 정도밖에 안 걸리니 현명한 판단이라는 생각이 들었다. 매일 베르사유 호수 둘레를 산책하거나 조깅하는 호사를 누린다니 질투도 났다.

## 베르사유 호수공원서 자전거 타기 '강추'
**순식간에 동심으로 돌아가 아이들과 경주**

자전거를 1시간 빌리는 데 애, 어른 구별 없이 6.5유로다. 시간이 있는 사람들은 반나절을 빌려 구석구석을 누비면 좋을 것 같다. 가격 차는 얼마 나지 않는다. 30분만 빌릴 수도 있지만 호수를 한 바퀴 도는 데 시간이 모자라 오버차지를 물어야 한다. 30분 빌리는 데 5유로

베르사유에서 자전거를 타다 잠시 쉬고 있다.

안팎이었던 것으로 기억된다. 오버차지가 10분에 1유로니 오히려 손해다.

자전거를 달리며 아내와 앞서거니 뒤서거니 했다. 오랜만에 마음껏 웃고 즐겼다. 아내와 아이들이 너무 좋아했다. 나는 한 손으로 자전거를 타며 한 손으로 동영상을 촬영했다. 길마다 다른 나무, 다른 형태로 꾸며놓았다. 관리하는 데도 꽤나 일손이 필요할 것 같았다.

멀리 가니 사람 한 명 보이지 않았다. 대부분 정원 초입 식당 주변에 머물러 있으니 반대쪽으로 가면 사람 찾기가 쉽지 않았다. 자전거를 잠시 세워두고 그늘에 앉아 쉬었다. 호수를 바라보며 쉬고 있노라니 마음이 차분히 가라앉았다.

시계를 보니 벌써 돌아갈 시간이었다. 열심히 페달을 밟느라 땀이 났다. 베르사유 궁전 내부 구경을 하기로 하고 줄을 서 입장했다.

침대가 예상외로 작다는 것과 나폴레옹 대관식 그림이 그 곳에도 있다는 것 정도만 관심을 끌었다. 설명을 보니 베르사유 궁전에 있던 다비드의 대관식 그림을 오르세로 옮기고 궁전에는 복제품을 걸어뒀단다.

침대가 작은 것은 정적들의 암살 음모에 대처하기 위해서란다. 쿠션을 높이 베고 선잠을 자면 암살범이 들어오더라도 신속하게 피할 수 있다는 계산이란다. 외국인 가이드의 설명을 옆에서 주워들은 것 같은데 정확한 출처가 기억이 안 난다. 일단 '믿거나 말거나'로 돌려두겠다. 내부보다는 오히려 건물 외관과 정원이 더 멋있었다는 느낌이다.

베르사유에 갈 때 명심해야 할 게 있다. 가방을 검사해 음료수 이외에는 먹을 것을 가지고 들어가지 못하게 하는 것이다. 우리는 배낭에 메고 간 모든 음식을 보관함에 맡겨야 했다. 하지만 안에 들어가 보니 많은 사람들이 경치 좋은 곳에 앉아 식빵이나 바게트 등 싸 온 음식들을 먹고 있었다. '이런

젠장!' 외투나 작은 손가방 같은
데 음식을 넣어 검사 없이 갖고
들어온 것이었다. 밖으로 나오
면 먹을 데가 마땅치 않다. 우리
가족도 광장 끝 일반 주택이 있
는 곳 계단에 앉아 싸 온 음식을
먹어야 했다.

오르세 미술관에 있는 〈풀밭 위의 점심식사〉 앞에서

　돌아오는 길에 오르세에 다시
들렀다. 고흐나 모네, 밀레는 볼 때마다 좋았다. 모네, 시슬레, 코로의 그림을
나란히 걸어놓은 곳이 있는데 정말 비슷했다. 서로 많이 사사한 것 같았다.

　오후 8시에 나와 마트에서 먹을 것을 쇼핑했다. 아내가 감기 기운이 있어
먼저 들어가고 애들이랑 다음 날 먹을 것을 준비했다.

　볶음밥을 데워 고추장에 비벼 먹고 빨래를 했다. 슬슬 힘이 부쳤다. 나도
피로가 쌓여가는 게 느껴졌다.

### 10월 30일 비용

| | |
|---|---|
| 60유로 | 베르사유 입장료 |
| 26유로 | 자전거 대여료 |
| 45유로 | 이틀치 먹을거리 쇼핑 |

# 피곤과 감기 기운이 겹쳐 숙소에서 쉬다

## 너무 빠듯한 일정은 오히려 해가 된다

전날 밤 아내와 애들이 자는 걸 보고 물에 젖은 솜처럼 무거운 몸을 이끌고 호텔 로비로 가 스위스와 오스트리아에 있는 호스텔을 예약했다. 스위스는 6인실이었다. 물가가 비싸다더니 호스텔 값도 만만찮았다. 파리 일정이 하루 늘어나고 스위스 일정도 하루 추가해 오스트리아 잘츠부르크를 건너뛰기로 했다. 모차르트를 잃게 되었지만 어쩔 수 없었다.

날씨가 흐렸다. 그동안 무리를 해서인지 피곤이 몰려왔다. 아내는 감기 기운이 더욱 심해져 목까지 부었다. 아침을 먹고 와서 애들도 피곤하다고 해 2시간을 더 잤다. 가족 배낭여행은 절대 무리하면 안 된다는 걸 점점 깨닫고 있었다. 너무 빠듯한 일정은 오히려 해가 된다는 걸 여실히 느꼈다. 그래도 시간과 돈이 아까워 자꾸 일정을 하나 둘 늘리게 되는 게 인지상정인 것 같다. '체력 기준을 아내와 아이들에게 맞춰야 하는데, 미련한 놈' 하며 머리를 두드렸다.

아내가 결국 이날 일정을 포기해 아이들을 데리고 몽마르트르로 향했다. 사크레쾨르 성당 앞에서 한 남자가 공연하고 있었다. 많은 사람이 손뼉을 치면서 호응해줬다. 유럽 사람들은 표정이 풍부하다. 그게 진심인지 아닌지는 모르지만 무뚝뚝한 동양 사람들과는 차이가 크다. 아마 역사적, 문화적으로 남에게 호감을 얻는 것이 유리하다는 결론을 내렸기 때문일 것이다. 예를 들어 결투문화가 발달한 곳에서 쓸데없는 시비에 휘말려서 좋을 게 하나도 없기 때문이다. 일본 사람들이 친절한 다테마에 <sub>겉모습</sub> 와 다른 혼네 <sub>속마음</sub> 를 철

몽마르트르 언덕 위의 사크레쾨르 성당

저히 숨기는 것도 다 길고 긴 무사정권 아래에서 살아남기 위해 만들어낸 처
세술이 유전적으로 내려오기 때문일 것이다.

성당 건물도 멋있었지만, 몽마르트르는 파리 시내에서는 보기 드문 언덕
으로 조망이 좋아 사람들이 많이 찾는 것 같았다. 실제로 파리 시내가 한눈
에 들어오고 계단 밑 사진 안내판에는 각 건물에 대한 설명이 쓰여 있었다.

내려가는 길에 있는 데카르트 광장에는 이제 그림 그리는 화가들보다는
노점상이 진을 치고 있어 벼룩시장 같았다. 그나마 있는 화가들의 그림도 조
악해 화가라기보다 장사꾼 같았다. 몽마르트르 언덕의 명성에 금이 가는 순
간이었다.

날씨가 추워져 서둘러 몽마르트르 묘지로 갔다. 입구에서 지도를 받아어

오늘은 엄마가 아파서 아빠하고 나, 시현이만 밖으로 나갔다. 안개가 많이 끼고 굉장히 추웠다. 그리고 어젯밤에 제대로 잠을 자지 못해 정말 피곤했다.

제일 먼저 간 곳은 사크레쾨르 대성당이었다. 여기는 들어가고 싶었는데 뮤지엄 패스의 유통기간이 다 되어 들어가지 못했다. 그냥 밖에서 사진 몇 장 찍고 내려갔다.

두 번째로 간 곳은 몽마르트르 공동묘지이다. 여기에는 스탕달, 하이네, 베를리오즈, 드가, 졸라 등 여러 분야의 예술가들이 잠들어 있는 곳이다. 공동묘지에 비석이 세워져 있는 게 아니고 예쁜 집 모형이라든지 조각품들이 세워져 있어 공동묘지 같지가 않았다. 아빠와 시현이, 나는 드가의 묘를 찾으려고 한참을 헤매다가 겨우 드가의 묘를 발견했다. 날씨가 너무 추워 감기 걸릴 것 같다는 데 의견이 일치되어 서둘러 호텔로 돌아왔다.

야 했는데 그렇게 하지 못해 한참을 헤맸다. 묘 중에는 정교한 조각을 새겨 넣은 화려한 묘가 많았다. 살아생전 재력이나 권력을 가졌던 명사들의 무덤일 것이다. 작은애가 좋아하는 에드가 드가의 묘를 관리인들에게 물어물어 겨우 찾아냈다. 화가의 무덤답게 얼굴 캐리커처가 장난스럽게 새겨져 있었다. 중간중간 배낭여행자들의 모습이 눈에 띄었다. 유명한 사람들의 안식처는 어떨까 보려는 것 같았다.

추운 날씨를 아랑곳하지 않고 따라다닌 아이들이 대견해 구멍가게에 들어가 먹고 싶은 것을 고르라고 했더니 아이스크림을 골랐다. '이 추운 날씨에!' 쳐다만 봐도 추워서 소름이 돋았다. 숙소에 들어가니 아내가 조금 나아진 모습으로 우리를 맞았다. 다행이었다.

# 특파원 후배 집에 가서 떡볶이 호사

## 포도주 먹고 취해 노상방뇨하는 실수를

저녁 6시에 포도주를 한 병 사 들고 SBS 특파원으로 있는 후배 조정 씨네 집을 찾아 나섰다. 여러모로 힘들 텐데 나까지 부담 주는 게 싫었지만, 안 들르고 그냥 한국으로 가면 섭섭하달 것 같아서 찾아갔다.

지하철을 타고 가는데 후배가 자꾸 역 이름을 되풀이해서 알려줬다. 비슷한 역이 있으므로 조심하라는 말이었다. 하지만 지나치다 여러 차례 본 낯익은 지하철역이어서 허투루 들었다.

아니나 다를까, 비슷한 이름의 엉뚱한 역에서 내려 30분을 기다렸다. 아무리 기다려도 나오지 않아 마음씨 착해 보이는 파리지엥에게 다가가 휴대전화를 잠깐 빌려 전화를 했다. 지하철역 이름을 듣더니 후배가 헛웃음을 지었다.

"그러게 선배, 제가 뭐라 그랬어요. 역 이름을 몇 번을 알려줬는데, 그래, 가지 말라는 곳으로 가요? 나, 참."

한심하다는 얘기였다. 아내와 아이늘로부터 눈짓 경고를 한 차례 받고 나시 지하철로 되돌아갔다.

후배 집은 아파트였다. 경비원이 문을 열어주어야 들어갈 수 있는 구조였다. 방 안에 들어서니 썰렁했다. 난방비가 워낙 비싸 하루 한두 차례만 난방을 틀어준다고 했다. 500만 원이 넘는 월세를 내는데도 난방을 안 해주니 더 죽을 맛이랬다. 몇 번을 항의하면 잠깐 틀어줬다가 이내 그 모양이랬다.

이런저런 얘기를 나누고 오랜만에 떡볶이, 보쌈 등을 먹었다. 아이들이 좋아서 어쩔 줄 몰라 했다. 지금까지 한식은 단 한 번도 먹어본 적이 없으니 그

파리 지하철 메트로폴리탄 역 출입구　별로 돈을 들
인 것 같지는 않지만 품격이 있었다.

럴 만도 했다. 더구나 제수씨의 음식솜
씨가 상당했다. 아내는 제수씨에게 초
등학교 다니는 딸아이의 유학생활에
대해 관심 있게 물었고, 아이들은 또래
인 후배의 딸아이와 정답게 얘기를 나
눴다.

　워낙 멀리 떨어져 있어 지하철 걱정
에 자꾸 돌아가려 하니 아직 시간이 남았다며 말렸다. 그러면서 자꾸 술을
권해 거나하게 취했다. 귀국하면 만나기로 하고 지하철이 끊어질 때쯤 해서
나왔다.

　행여 너무 늦은 시간이라 지하철 안전이 내심 걱정되었지만 기우였다. 평
범한 시민들뿐이었고, 그것도 적지 않은 사람들이어서 조금의 위협도 느끼
지 못했다. 가다 보니 술기운이 자꾸 올라오고 요의 尿意 도 점점 심해졌다.

　지하철에서 내리자마자 컨테이너 뒤로 돌아가 실례를 했다. 한 발자국도
더 떼지 못할 정도였다. 당연히 아내와 애들에게 핀잔을 들었다. 그래서 한
국 사람이 욕을 먹는 거라고. 난 중국 사람 닮아서 걱정 없다고 말해줬다. 사
실 그곳은 지날 때마다 노숙자와 거지가 눈에 띄었고 악취가 나, 무의식중에
실례를 했던 것 같다. 이 자리를 빌려 그곳에서 생활하는 노숙자들에 폐를
끼친 것에 대해 사과드린다.

　숙소로 들어가 오랜만에 든든하게 부른 배를 두드려가며 잠이 들었다. 행
복한 꿈을 꿀 것만 같았다.

## 10월 31일 비용

| 18유로 | 포도주 |
|---|---|
| 4유로 | 간식 |

## 아내의 로망 모네를 만나러 지베르니를 가다

**다음 일정 예약 늑장 부리다 나만 빠져 쓸쓸**

모네가 말년을 보내면서 수많은 역작을 그린 지베르니로 가기로 하고 나왔다가 스위스행 기차 예약이 안 되어 하루를 더 파리에 머물게 되었다. 사실 아내의 모네 사랑은 대단해 마르모탕 박물관에서 한나절을 보내기도 했다. 지베르니에 가는 것은 당연한 수순이었다.

1시간이나 기다려 표를 끊으려 했는데 역무원 말이 '빅 홀리데이'란다. 그러니까 우리나라 말로 황금연휴쯤에 해당되는 모양이었다. 스위스행 모든 기차표가 예약 완료되었댔다. 고속-완행-완행-고속-완행 등 대여섯 차례 갈아타서 가는 기차 편 2개 노선을 알아줬는데 그나마 아내와 상의하는 사이 매진되었다. 할 수 없이 다음 날 기차로 예약했다. 이로써 당초 계획보다 이틀 더 파리에 머물게 되었다. 슬슬 지겨워지기 시작했다. 미리미리 준비하지 않아 일어난 불상사였다.

혹시나 또 호텔 연장도 안 될까 봐 나는 아내와 아이들을 지베르니로 보내고 호텔로 돌아가 프런트에서 일정을 연장했다. 근데 프런트에서 말로 예약하면 숙박료가 하루 120유로인데 인터넷으로 하면 100유로랬다. 로비에 있는 달랑 2대의 컴퓨터가 비기를 기다렸다가 인터넷으로 하루 더 숙박을 연장했다.

그런데 직원이 택스 14유로를 추가로 내야 한댔다. 그래서 인터넷 예약할 때 택스를 냈다고 했더니 그건 어른만이고 아이들 2명의 택스는 별도랬다. 하루 1명당 1유로씩 14유로다. 예약할 때 어디에도 그런 설명을 본 적이 없다고 했더니 씩 웃고 말았다.

지베르니에 못 간 것을 속상해하며 숙소에서 TV를 틀어놓고 빈둥빈둥 아이들이 오기를 기다렸다.

아내와 아이들이 8시쯤 돌아왔다. 지베르니가 너무 좋았다고 아우성이었

**채은이의 일기**

날씨가 우중충하게 흐리더니 비가 왔다. 비가 오니까 오늘은 안 나가려니 했는데 내 생각은 완전히 빗나가고 말았다. 지베르니에 간 것이다.

지베르니는 모네가 살았던 집이 있는 곳으로 유명한 관광지였다. 우리 가족은 모네의 정원에 먼저 갔다. 모네의 정원은 모네가 죽고 난 뒤 돌보는 사람이 없어 몹시 황폐해졌는데, 그의 차남이 기부금을 모아 모네가 살았을 때와 거의 똑같게 정원을 꾸몄다고 했다.

정원은 정말 아름다웠다. 정원 곳곳이 모네의 그림 속에 나왔던 것과 똑같았다. 10월이라서 수련도 없고 꽃도 많이 시들었지만 그래도 꽃이 있다고 생각하고 정원을 둘러보니까 괜찮았다. 단풍도 멋졌다. 일본식 다리에서 사진도 찍었다.

모네의 집은 예쁘고 큰 분홍색 집이었다. 아이들이 많아서 집도 넓었나 보다. 아늑한 침실, 부엌 등 방이 정말 마음에 들었다. 나도 모네의 집처럼 예쁜 집에서 살고 싶다.

모네의 정원

다. 정원은 그림에 나온 그대로 정말 아기자기하게 꾸며났고, 상쾌한 공기며 깨끗함이 파리 시내랑은 너무 차이가 난다고 했다. 아내는 정원에서 꽃도 몇 송이 꺾어 왔다. 사실 아내의 꽃 사랑은 유별나서 등산 모임 사람들도 우리 나라 야산에 피는 들꽃에 대해 아내에게 문의할 정도다. 아내는 처음 보는 꽃들이어서 무슨 꽃인지 알아보기 위해 꽃을 몇 송이 꺾어 왔다고 했다. 절 대 이런 행동은 해서는 안 되는데……. 꽃은 참 예뻤다.

　역시 이날도 해프닝이 있었다. 아내가 입장료를 아끼기 위해 큰애는 11살, 작은애는 7살이라고 우겼던 것이다. 인정되면 4.5유로를 아낄 수 있었다고 했다. 검표원 아가씨가 의심스러운 눈초리로 위아래를 훑어보다 표를 끊어 줬댔다. 내심 미안하고 창피해 다시는 나이를 속이지 말자고 다짐했단다.

　아내와 아이들이 사진도 찍고 정원도 감상하다 제일 늦게 모네 집에서 나왔는데 그만 버스가 끊기고 말았다. 정확히 말해 막차 시간을 조금 앞두고 나왔는데 방향을 잘못 잡아 한참을 헤매다 다시 물어물어 버스정류장에 와 보니 그만 막차가 떠나버렸던 것이다.

정류장에 백인 여성이 한 명 더 있었지만 혼자 지나가는 자가용을 잡고 떠나 아내와 아이들은 더더욱 마음을 졸였단다. 애들도 딸려 있고 관광객인 줄 뻔히 알면서도 혼자만 차를 잡아타고 떠나 솔직히 서운했단다. 아내와 아이들은 택시도 없고 사람도 별로 없는 그곳에서 열심히 히치하이크를 했고, 한 마음씨 좋은 아저씨가 차를 태워줘 무사히 기차역까지 도달했다. 비까지 맞으며 버스정류장에 서 있는 모녀를 어여삐 여긴 것 같았다.

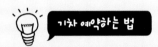

## 기차 예약하는 법

국가 간 이동할 때는 예약이 필수다. 아무 기차역에나 가서 창구에서 예약하면 된다. 큰 역에서는 당일 기차표, 예매 이렇게 나눠져 있는 경우도 있지만 대체로 표 끊어주는 창구에서 예약도 같이한다. 영어가 자신 없으면 유레일 기차표 책자를 참고해 행선지, 날짜, 시간, 인원수, 유레일패스 소지 여부 등을 적어 건네주면 친절하게 안내해준다. 이때 예약비도 알려준다. 이탈리아의 경우 거리에 상관없이 예약할 경우 대체로 1인당 10유로다. 배낭여행자 중에는 예약비가 아까워 예약비가 필요 없는 완행열차를 고집해 타는 경우가 있는데, 시간을 따져보면 그렇게 큰 도움이 안 될 수도 있으니 잘 판단해야 한다. 돈은 좀 들더라도 한 군데 더 본다는 마음가짐이어야 귀국해서 후회하지 않는다. 독일, 네덜란드 등 일부 국가는 고속열차도 예약이 필요 없는 경우가 많은데 주말이 낄 경우나 성수기 때는 낭패를 볼 수 있으니, 가족 여행자라면 창구 직원에게 미리 확인해 예약할지 말지를 결정하는 것이 좋다.

아내와 아이들은 기차역에서는 파리로 돌아오는 막차를 잡아타고 어스름 저녁놀을 받으며 고즈넉이 가라앉은 파리 근교 풍경을 즐기면서 파리로 돌아왔다고 했다.

**11월 1일 비용**

| | |
|---|---|
| 243유로 | 숙박료 추가 |
| 10.5유로 | 지베르니 입장료 |
| 6유로 | 기념품 |
| 4.5유로 | 버스비 |
| 52유로 | 저녁 |

## 폭우를 뚫고 방문한 오베르쉬르우아즈

**시내 곳곳에 고흐의 발자취 서려 있어**

내가 좋아하는 고흐를 보러 가기로 했다. 7시에 일어나 8시에 방브 벼룩시장에 들렀다가 10시쯤 기차를 탈 생각이었다. 그런데 눈을 뜨니 어느새 8시. 허겁지겁 서두르기 시작했다. 먹을거리를 챙기고 벼룩시장이 있는 몽트뢰유로 갔다. 지하철역에서 내려 몇십 미터 걸어갔더니 방브 벼룩시장 거리가 나왔다. 한 300미터에 걸쳐 수백 개의 노점상이 진을 치고 있었다.

비가 내렸다. 이날따라 항상 갖고 다니던 우산과 우비를 챙기지 않았는데 낭패였다. 호텔을 나올 때 괜찮아 보여 혹시나 했는데 역시나였다. 이래서 대비가 중요하다.

벼룩시장은 정말 컸다. 한국에서도 벼룩시장을 두 번 가봤는데 파리의 벼룩시장이 더 큰 것 같다. 길 양쪽에 물건 파는 사람들이 천막을 드리우고 한 300미터 넘게 쭉 늘어서 있었다. 규모는 컸는데 쓸 만한 물건은 없었다. 거의 다 녹슬고 때가 꼈다. 손거울은 손자국까지 있었다. 그래서 뭘 사지는 않고 구경만 했다. 연극 소품도 있고 고기 써는 칼도 있고, 특히 목하고 팔이 다 잘린 누더기 인형 대체 이걸 누가 살까? 도 있었다. 하여튼 없는 거 빼고 다 팔았다.

오베르쉬르우아즈는 고흐, 도비니, 세잔 등 19세기 인상파들이 작품활동을 한 곳이다. 여기는 모네의 정원만큼 먼진 곳이 아닌데 어떻게 작품활동을 했을까? 그냥 집하고 사람들만 그렸겠다. 모네의 집은 나무도 있고 수련도 있고 연못도 있어 예쁘던데……

오베르쉬르우아즈에 들어서자 비가 쏟아지기 시작했다. 농수산물 시장 차양 밑에서 비를 피하는 꼴이라니 정말 처량했다. 비가 조금 잦아들었을 때 여행안내소를 찾아 헤맸다. 그러다 물에 빠진 생쥐 꼴이 되어서 겨우겨우 찾았다. 어떻게 여행안내소 표시도 해놓지 않을 수 있는 건지 모르겠다.

엄마, 아빠는 여행안내소 안으로 들어가고 우리는 정자 안에서 비를 피했다. 거기에는 고양이도 한 마리 있었다. 그 고양이를 상대로 장난을 치다 그만 물통을 건드려 떨어뜨리고 말았다. 그 물통은 고양이의 머리에 정통으로 맞았고 고양이는 '키야오옹' 기겁을 하더니 도망갔다.

엄마, 아빠는 빗속을 뚫고 고흐의 무덤으로 간다고 했지만 우리는 정자에 남기로 했다. 아까 그 고양이에게 다가가자 고양이가 막 할퀴려고 했다. 그때 물을 마시려고 물통을 땄는데 시현이가 웃겨 그만 그 고양이에게 물을 뿜고 말았다. 그러자 고양이는 아까보다 더 기겁하며 차 밑으로 도망가고 말았다. 고양이에게 미안했지만 걷잡을 수 없이 터져 나오는 웃음을 참을 수가 없었다. 누가 보면 동물 학대하는 줄 알았을 것이다.

엄마, 아빠가 옷 입고 수영이라도 한 모습으로 돌아와서 우리에게 사진을 보여줬다. 고흐와 동생 테오가 나란히 누워 있었다. 고흐는 우울증 때문에 밀밭에서 심장을 향해 총을 쐈다. 하지만 정확히 쏘지 못해 자신이 70여 일 머문 여관으로 돌아와 이틀 동안 앓다가 죽었다. 과다 출혈로 죽었을 것 같다.

불쌍한 고흐, 얼마나 쓸쓸하고 외롭고 아팠을까? 형을 잃을 슬픔 때문일까, 동생 테오도 1년 뒤 자연사했다. 참 불쌍한 형제들이다.

파리의 한 골목에 선 책 노점  값이 무척 싸 고흐의 도록을 한 권 샀다.

　벼룩시장에는 제법 쓸 만한 것이 눈에 띄었는데 너무 비쌌다. 벼룩시장이
아니라 일반 상점 수준이었다. 도대체 뭘 믿고 그렇게 비싸게 가격표를 붙여
놨는지 모르겠다. 누나에게 선물하려고 조그만 예수 조각이 달린 십자가를
봤더니 50~70유로였다. 20유로에 어떻게 안 되겠느냐고 물어봤더니 고개를
절레절레 흔들었다. 아내도 가격이 너무 비싸다며 구경만 하고 가자고 했다.
　오베르쉬르우아즈로 가는 기차를 타기 위해 12시쯤 생라자르 역에 도착했
다. 열차를 한 차례 갈아탄 뒤 오베르쉬르우아즈에 도착하자 부슬부슬 내리
던 비가 본격적으로 쏟아지기 시작했다. 기차역에서 얼마 떨어져 있지 않은
농수산물 시장 차양 밑에서 한동안 비가 그치기를 기다렸지만 그칠 비가 아
니었다. 쓰레기를 치우는 사람이 왔다 갔다 하면서 우리를 불쌍하게 쳐다봤
다. 포기하고 돌아갈까 하다 여기까지 온 게 아까워 몇 군데만이라도 둘러보
기로 했다.
　아내가 먼저 여행안내소를 찾겠다며 뛰어갔고 뒤이어 나와 아이들이 뛰어
갔다. 여행안내소에서 지도를 챙겨 오베르 교회와 고흐 무덤을 보기로 했

다. 애들은 여행안내소에 그대로 남겨놓았다. 혹시라도 비를 맞고 감기라도 걸리면 낭패기 때문이었다. 아이들도 그곳에 있는 고양이와 놀기를 더 좋아했다.

비를 뚫고 오베르 교회로 향했다. 교회에는 고흐가 그린 그림이 팻말에 붙어 있다. 그 그림을 그린 자리에서 사진을 찍었다. 그리고 서둘러 묘지로 향했다. 빗발이 점점 굵어졌다. 가다 보니〈까마귀가 나는 밀밭〉의 무대가 나왔다. 정말 까마귀 일고여덟 마리가 날아다녔다. 다만 밀밭만 공터로 남았을 뿐이었다. 사진을 한 장 찍고 무덤가로 향했다. 고흐와 동생 테오의 무덤이 담쟁이로 덮여 있었다. 흔한 기단과 장식도 없어 다른 무덤에 비해 무척 초라해 보였다. 가난은 무덤까지도 왜소하게 만들었다. 사실 중요한 것은 아니지만.

고흐는 이 밀밭에서 스스로 권총 자살을 시도한 뒤 하숙집으로 돌아와 이틀간이나 앓다 숨졌다고 한다. 하숙집이며, 시청사며 모두 잘 보존되어 있어 당시의 아픔을 조금이나마 나눌 수 있었다. 고흐는 이곳에서 70여 일을 머물며 80여 점의 작품을 그렸다. 고흐의 작품이 300여 점이라니 고흐가 이곳에서 얼마나 미친 듯이 그렸는지 미뤄 짐작할 수 있었다. 아마 자살할 날을 미리 정해놨던 것은 아니었을까.

# 비가 너무 내려 고흐의 발자취 찾기는 흉내만

**카페에서 피아노 연주를 감상하며 오랜만에 여유 즐겨**

오베르 강까지 가는 것은 포기하고 묘지에서 내려오는 길에 오베르 교회에 다시 들렀다. 마침 한 수도사가 들어가기에 엉겁결에 따라 들어갔다. 내부는 크지 않았지만 아늑한 게 연륜이 묻어났다. 아마 날씨가 추워 실내가 더 아늑하게 느껴졌는지도 모르겠다. 외국인 관광객들로 보이는 사람 둘이 안을 둘러보고 있었다.

오베르쉬르우아즈에서 비가 내리는 가운데 인증샷을 찍었다. 그림 제목은 시청사.

아이가 그린 그림

　몸도 녹일 겸 시청 건물 옆 카페로 들어가 커피와 코코아를 시켰다. 한 아가씨가 피아노를 연주했다. 주인이 자꾸 신청곡을 요구하니 영어로 대답하면서 짜증을 냈다. 아마 오디션 중인 것 같았다. 주인은 프랑스 사람들이 좋아하는 노래를 자꾸 신청했고, 아가씨는 자기가 잘하는 노래를 피아노 반주와 함께 줄기차게 불러댔다. 생긴 모습과 영어가 그다지 유창하지 않은 걸로 봐 동구 출신인 것 같았다.

　작은애가 수첩에 뭔가를 그리는 것 같아 살펴보니 그 아가씨를 그리고 있었다. 피아노를 연주하는 모습이었다. 아내가 그 그림을 보라고 건네주니 아가씨가 자기한테 주는 줄 알고 굉장히 좋아하며 받았다. 그림이 좋아 사실 아내는 그냥 보기만 하라고 건넸단다.

　비 오는 늦가을 날씨, 추적추적 비를 맞고 서 있는 시청사를 감상하다 비가 잠시 그친 틈을 타 다시 길을 나섰다. 기차역에 도착해 파리행 기차를 보니 1시간이나 기다려야 했다. 그런데 브라질에서 왔다는 한 부부가 30분 뒤 기차를 타도 된다고 했다. 방향이 이상해 반신반의했더니 직접 지도를 가져와 확인시켜주었다. 우리가 타고 온 기차와 반대 방향으로 가는데 이 기차는 생라자르 역이 아니라 우리 숙소와 더 가까운 파리 북역으로 간다고 했다. 잘되었다. 고맙다고 인사하고 그 기차를 타고 숙소로 왔다.

　마르세유나 지베르니행 열차와 달리 기차가 정말 더러웠다. 화장실도 고장나 오물로 뒤덮여 있었다. 간신히 소변을 봤다.

돌아오는 길에 작은애가 너무 급하다고 해서 처음으로 돈을 내고 유료화 장실을 썼다. 비를 맞아서인지 아내가 끙끙 앓았다. 그냥 돌아올걸 하는 후회가 들었다.

### 11월 2일 비용

| 8유로 | 카페 |
|---|---|
| 4유로 | 스타벅스 |
| 7유로 | 간식 |
| 44유로 | 저녁 |

# Switzerland

# 스위스

## 스위스 일정_4일

11월 3일_독일 경유-스위스 인터라켄 4일_융프라우요흐

5일_인터라켄 시내-하르더쿨름 6일_루체른-카펠교-빈사의 사자상

# 8일 머문 프랑스 떠나 비경의 스위스로

## 숙소 너무 춥고 시설 열악해 큰 고생

또 늦잠을 자서 허겁지겁 기차역으로 향했다. 전날 짐을 늦게까지 싼 탓이었다. 6시에 일어나야 했는데 잠을 설치는 바람에 아침 7시에 겨우 일어났다. 늦게까지 관광하랴, 식사 해결하랴, 빨래하랴, 몸은 피곤하고 이동에 대한 스트레스까지 겹치니 잠을 제대로 자지 못한 것이었다.

미처 못 싼 짐을 정리하다 보니까 8시가 넘었다. 파리 동 역에 도착하니 기차 출발 10분 전이었다. 안내판에서 플랫폼을 확인하고 거의 뛰다시피 기차

### 아내의 감성 포인트

우여곡절 끝에 도착한 인터라켄은 참으로 아름다운 곳이었다. 가랑비가 내렸지만 역에서 5분 거리에 있는 '해피인 로지'까지 친절한 젊은이의 안내로 편히 도착할 수 있었다.

그러나 거기까지였다. 8인실에는 한국 학생 1명과 외국인 1명이 아래층 침대를 차지하고 있었다. 나랑 애들이 걱정스러워 32스위스프랑을 추가해 4인실 도미토리로 옮겼다. 복도를 지나 계단을 오르고 또 복도를 지나 계단을 오른 뒤 맨 끝방 15호실에 도착하니 참으로 가관이었다. 가건물처럼 허술한 목조건물에 지저분한 침대와 시트. 최악의 상황까지 왔다 싶었다. 몸도 좋지 않은데 편히 쉴 수 있는 숙소가 그리웠다. 설상가상으로 난방이 제대로 안 되어 추워서 잠을 설쳤다. 끊임없이 나오는 기침과 추위로 눈물을 흘리며 "한국으로 가고 싶다"고 울었다. 다음 날 숙소에 항의를 하고 융프라우요흐로 향할 때까지 남편이 너무 미웠다. 여행하러 온 거지 고생하러 왔나? 세탁도 취사도 모두 불편 그 자체였다. 눈치를 봐가며 아래층 식당에 있는 전자레인지로 장 봐온 것을 데워 먹었다. 배불리 먹고 나니 몸이 다소나마 괜찮아졌다.

에 올랐다. 땀이 뻘뻘 났다. 10년 감수했다. 이게 도대체 몇 번째인지 몰랐다. 정말 여유 있게 기차에 타본 적이 없었다. 헉헉대는 아내와 아이들을 번갈아 보면서 서로 웃음을 터뜨렸다.

독일 만하임에서 기차를 갈아타고 2시간을 더 가 스위스 바젤에서 다시 루체른, 루체른에서 인터라켄행 열차를 갈아타야 했다. 직행이 있지만 예약이 완료되어 부득이 이렇게 갈아타는 기차를 선택할 수밖에 없었다. 그런데 바젤에서 바로 인터라켄으로 가는 열차가 있어 그 열차를 잡아탔다. 가는 도중에 만난 배낭여행객도 우리를 따라 기차에 올랐다. 예정보다 1시간 이른 오후 4시 52분에 숙소에 도착할 수 있었다.

기차와 관련해 여행자가 알아두면 좋을 게 있다. 여행책에서는 기차가 연착하면 연결되는 기차가 기다려준다고 되어 있는데 그렇지 않았다. 첫 기차

### 시현이의 일기

오늘은 좋았다가 말았다가 했다. 아침 일찍 일어나 짐을 쌌다. 짐 싸는 데 너무 오래 걸려서 늦었는데 다행히 아슬아슬하게 기차역에 도착했다.

기차를 세 번이나 갈아타야 한다. 3시간을 가서 만하임에서 갈아타고 2시간, 바젤에서 또 갈아타고 2시간, 루체른을 거쳐 인터라켄으로 가야 한다. 두 번째 기차를 타려는데 우리가 타야 할 번호가 없다. 그래서 물어봤더니 "이 기차가 아니에요. 그 기차는 벌써 떠나버렸어요. 하지만 이 기차도 만하임으로 가요"라고 말했다.

행운이다. 그런데 우리가 예약한 기차가 아니므로 아무 자리나 앉았다. 그런데 사람들이 안 왔다. 다행이었다. 그런데 '해피인 로지'는 실망스러웠다. 방 안에 화장실이 없었다. 화장실을 쓰려면 계단을 내려가도 복도 끝에 있는 걸 써야 했다. 그리고 부엌도 없었다. 이게 무슨 해피인이야, 언해피인이지. 밤중에 화장실 가고 싶을 때면 엄마나 아빠를 깨워서 같이 가야겠다.

가 만하임에 20분 늦게 도착하면서 우리가 예약했던 기차가 떠나버리고 말았다. 할 수 없이 다음 기차를 탔는데 좌석이 남아 편하게 올 수 있었다. 연결편이 없다고 당황할 필요는 전혀 없다. 웬만한 거리는 30분에서 1시간 간격으로 기차가 있으니 느긋하게 기다리면 된다. 좌석이 없으면 우회해서 가도 된다. 역무원한테 물어보면 가는 방향과 시간을 자세하게 알려준다.

인터라켄 숙소는 비용을 아끼기 위해 호스텔 6인실로 잡았다. 비수기니까 우리끼리 쓸 수 있겠지 하는 생각에서였다. 그런데 예약할 때와 달리 8인실이었고, 이미 남자 여행객 2명이 자리 잡고 있었다. 할 수 없이 하루 35스위스프랑을 더 내고 가족실로 옮겼다.

부엌을 사용할 수 있는지 없는지 확인하지 않았는데 역시 부엌이 없었다. 할 수 없이 사 가지고 간 음식을 1층 식당에서 전자레인지로 데워 올라와서

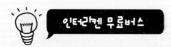
### 인터라켄 무료버스

인터라켄 시내에서는 숙소에서 무료 버스쿠폰을 나눠준다. 쿠폰을 받아 이름을 쓰고 버스를 탈 때 보여주기만 하면 된다. 그래 봤자 서역에서 동역까지 걸어도 20~30분이면 충분해 굳이 버스를 타고 이동하지 않아도 된다. 하지만 짐이 있을 때는 편하니 꼭 쿠폰을 챙기는 것이 좋다.

아무래도 관광이 주요 외화획득원인 지역이라서 이 같은 배려를 하는 것 같다. 한 한국인 신혼부부가 돈을 내고 타려다 쿠폰을 요구받아 당황해 하는 것을 보고 숙소에 가서 쿠폰을 받아 오면 된다고 조언해줬다. 어차피 무료로 나눠주는 것인데 그냥 태워주면 될 것을 까다롭게 구는 것 같아 얄미웠다.

먹었다.

문제는 잘 때 또 생겼다. 너무 추워 외투를 입고 자야 할 정도였다. 아내가 추워해 내 이불을 덮어주고 외투만 입고 자려다가 너무 추워 작은애 침대에 가 작은애를 꼭 끌어안고 잤다. 겨울 논산훈련소 이후 이렇게 떨어보기도 처음이었다.

다음 날 숙소에 불만을 제기하니 이불을 3개나 더 주었다. 집이 낡아 히터 작동이 잘 안 되니 다음 날 주인에게 말해 히터를 조절해주겠다고 했다. 퇴실하겠다고 했더니 1인당 5프랑의 위약금을 내야 한댔다. 기분이 좋지 않았지만 그렇다고 급하게 다른 숙소를 찾기도 뭐해 그냥 하루 더 묵기로 했다.

인터라켄 시내를 내려다보며 추억을 더듬는 한 할머니. 한참을 앉아 있다 내려갔다.

### 11월 3일 비용

| | |
|---|---|
| 155스위스프랑 | 숙박비 |
| 26스위스프랑 | 간식 |
| 8.4스위스프랑 | 포크, 접시 |

# 눈보라에 파묻힌 융프라우요흐

## 올라갈 때 쾌청, 올라가니 폭풍우

1인당 15만 원 <sub>아이들은 무료</sub> 의 거금을 들여 융프라우요흐로 출발했다. 하늘이 너무 맑아 시계가 좋을 것 같았다. 숙소에 설치된 융프라우요흐 CCTV를 확인했더니 정상 쪽 시계도 좋아 당초 툰 호수 유람선을 타려던 계획을 바꿔 융프라우를 오르기로 했다. 이곳에는 숙소마다 CCTV를 통해 융프라우나 쉴트호른 등 산 정상의 날씨를 실시간으로 안내해준다. 화면에 융프라우요흐는 맑고 온도는 영하 9도로 나왔다.

갈 때는 라우터브루넨으로 향했다. 내려올 때는 그린델발트로 내려오기로 했다. 인터라켄 동역에서 12시 기차를 탔다. 이 기차는 앞쪽 칸이냐, 뒤쪽 칸이냐에 따라 다른 방향으로 갔다가 중간 <sub>클라이네 샤이데크</sub> 에서 다시 만난다. 아

**융프라우요흐의 마을 풍경** 한 폭의 풍경화가 따로 없다.

융프라우 정상까지 기차를 타고 가는데 낮은 데에는 마을도 있고 가축들도 있었는데 높이 올라갈수록 눈만 쌓여 있고 나무도 온통 침엽수로 가득했다.

산 정상에 도착해 어느 건물로 들어갔다. 거기서 어떤 직원이 컵라면을 나눠 줬다. '신라면'이어서 얼마나 반가웠는지 모른다. 조그만 우리 한국의 라면이 유럽까지 퍼져 있다니. 무척 반가워서 라면이 입으로 들어가는지 코로 들어가는지 모르고 먹었다. 맛있게 먹고 나서 폴짝폴짝 뛰어다녔다. 그런데 아빠, 엄마, 시현이는 머리가 아프다고 했다. 난 괜찮은데.

건물 밖으로 나가 산 정상을 밟으려고 문을 여는 순간 눈하고 바람이 엄청 세게 불었다. 바람이 손에 칼을 쥐고 얼굴을 찔러대는 것 같았고 머리카락이 채찍이 되어 볼을 자꾸만 때렸다. 모자가 날아갈 것 같아서 한 손으로 모자를 붙잡았더니 바람 때문에 몸이 뒤로 밀려났다. 몸이 밀려날 정도의 바람을 상상이나 했겠는가? 직접 강한 바람을 맞아보니 얼마 전 산에서 떨어져 죽은 여자 등반가가 왜 떨어졌는지 이해가 갔다.

얼음 동굴에서 얼음 미로, 얼음 조각 등을 감상한 뒤에 기차를 타고 호스텔로 돌아왔다.

마 올라갈 때와 내려올 때 각기 다른 경치를 구경하라는 배려거나 혹시 한 노선이 눈사태 등으로 막혔을 경우를 대비하기 위해 복선을 깐 것으로 추청된다. 클라이네 샤이데크부터는 터널을 통해 정상까지 간다.

클라이네 샤이데크에서 열차를 갈아타는데 우리보다 1시간 일찍 올라간 팀이 내려오면서 시계가 정말 맑았다고 전해주었다. 우리도 즐거운 마음으로 정상에 올랐는데 이게 웬걸, 강풍을 넘어 거의 폭풍 수준의 눈보라가 쳤다. 전망대 밖으로 나가니 몸을 가누기조차 힘들었다. 심지어 눈발에 얼굴이 아플 정도였다. 애들은 거의 날아갈 정도로 바람이 거셌다. 눈보라 외에 아무것도 보이지 않았다. 거금을 들여 여기까지 왔는데 너무 허탈했다.

매점에서 나눠주는 컵라면 2개를 나눠 먹고 다시 전망대를 오르는데 다리가 휘청했다. 머리도 멍했다. 여행 오기 전 책에서 고산증세가 나타난다고 해서 설마 했는데 진짜였다. 입술이 다 파래졌다. 특히 내가 더 심했다. 아이들은 괜찮은지 까불며 놀았다.

나중에 생각하니 내려오는 기차에서 모든 사람이 잠들어 있던 이유가 있었다. 표고 차가 너무 심해 육체가 느끼는 피로가 예상외로 심했던 것이다.

1시간쯤 더 기다리다 날씨가 갤 가능성이 없어 보여 무료인 얼음 궁전을 둘러보고 하산하기로 했다. 내려오는 기차에서 잠에 빠져들었다.

5시에 내려와서 역 인근 식당에서 저녁을 먹었다. 한글이 적혀 있어 한식당인 줄 알았는데 중국식당이었다. 양은 적당했다. 하지만 숙소 선정 문제로 아내와 말다툼을 벌인 뒤로 안 좋은 기분으로 숙소로 돌아왔다. 아내가 다른 배낭여행객에게 숙소 이야기를 듣고 우리 숙소랑 비교하며 짜증을 냈기 때문이었다. 몸이 아픈데 난방까지 안 되니 화가 날만도 했다. 너무 가격만 따진 내 잘못이었다.

숙소로 돌아와 나중의 일정을 고려해 좋게 생각하기로 했다. 어디서 이런 눈 폭풍을 맞아 보겠나. 대학 때 설악산 대청봉에서 눈보라를 맞으면서 '와, 눈도 맞으면 아프구나!'란 생각을 했는데, 여기에 비하면 아무것도 아니었다.

아내한테 융프라우요흐에서 무릎이 한 차례 꺾이기도 할 만큼 고산증세를 보였다고 하니까 키가 커서 그런가 보다고 농담했다.

**11월 4일 비용**

| 254스위스프랑 | 융프라우요흐 철도 |
|---|---|
| 71스위스프랑 | 저녁 |

## 감기 심해진 아내 밤새도록 기침해 눈물
**늦가을이나 겨울에 스위스 오는 건 미련한 짓**

    융프라우요흐행 기차터널을 관광용으로 뚫은 것은 정말 스위스인 아니면 못할 짓이라는 얘기를 나누다 잠이 들었다.

    어떻게 100년 전(1912년) 3,415미터까지 동굴을 뚫어 기차역을 만들 생각을 했을까. 당연히 미친 짓이라는 소리가 나왔을 법한데도 이를 관철한 용기와 혜안이 존경스럽다. 결국 선조의 그런 노력에 인터라켄은 그냥 앉아서 먹고살지 않는가. 스위스에는 조금 높다 싶은 산이면 대체로 모노레일 형식의 산악열차가 있다. 자연환경으로 먹고사는 나라라고 해서 산을 무조건적으로 관광상품으로 개발하지는 않았을 것이다. 지금도 논란이지만 케이블카나 모노레일이 자연환경을 정말 해치는 것인지는 명확한 분석이 필요하다. 등산로를 산악자전거가 더 많이 해치는지, 압도적으로 많이 다니는 등산객이 더 많이 해치는지에 관한 논란도 마찬가지다. 이에 대한 연구는 국내에 전무한 것으로 알고 있다. 케이블카는 또 노인이나 장애인 복지와도 관련된 일이다.

스위스에서 환경운동이 우리보다 못할 것이라는 생각은 안 해봤다. 다만 합리적인 반대가 필요할 것이라는 생각이다. 그 합리가 없다면 소모적인 논쟁<sub>어차피 논거가 없으니 결론이 나지 않고 싸움만 계속될 뿐이다</sub> 으로 서로가 증오만 키워갈 뿐이다. 스위스가 과거에는 용병이, 지금 시계산업과 같은 정밀기계가 뛰어난 것은 남처럼 살아서는 살아갈 수 없기 때문이었을 것이다. 오히려 환경을 따지는 사람이 이렇게 많은 한국에서 국립공원이고 동네 뒷산이고 가리지 않고 쓰레기가 널려 있는 나라도 찾기 쉽지 않아 보인다. 나 자신부터 부끄럽게 생각하고 반성하고 있다.

전날보다는 나아졌지만 여전히 추워 자다 깨다를 반복했다. 아내의 기침 소리에 깨 보니 7시다. 아내에게 홍삼차를 타 주기 위해 바에 내려가니 아침 준비가 한창이었다. 빵에 잼, 치즈, 주스가 전부인 아메리칸 스타일이었다. 뜨거운 물을 달래 홍삼차를 타 준 뒤 다시 잠들었다. 깨 보니 9시가 다 되었다. 인근 편의점 미그로스에서 장을 봐 아침을 먹고, 점심 먹을거리를 싸 들고서 역 뒤편 유람선 선착장으로 향했다.

그런데 유람선이 보이지 않아 역무원에게 물어보니 10월까지만 매일 운행하고 11월부터는 일요일에만 1차례 운행한댔다. 여행책에는 동역은 겨울철에 아예 운행을 하지 않지만 서역은 한다고 되어 있어 들렀는데 또다시 낭패였다.

할 수 없이 동역 쪽으로 걸어가면서 선물을 사기로 했다. 여태까지 제대로 된 쇼핑을 못해 이번 기회를 이용하기로 한 것이었다. 식당, 쇼핑센터, 시계점 등의 가격을 비교하면서 동역으로 가 하르더쿨름 등산 열차를 타기로 했다. 역시 운행 중지. 10월 26일까지만 운행한다고 안내판에 적혀 있었다.

산에 올라가는데 왜 이렇게 다리가 아픈지 모르겠다. 산에 올라가다가 다리가 너무 아파서, 그냥 점심 먹고 내려가자고 그랬다. 엄마, 아빠는 더 올라가자고 그랬고 언니랑 나는 내려가자고 했다. 그런데 아빠가 투표로 정하자고 했고 2대 2가 나왔다. 언니랑 나는 내려가자고 했다. 근데 아빠가 "내가 대장이니 더 올라가는 걸로 결정한다"고 말했다. 정말 치사했다. 왜 아빠가 대장인지 모르겠다. 나이

크리스마스카드에 등장하는 호랑가시나무  온 가족이 열매로 전쟁놀이를 하며 놀았다.

는 많지만 엄마가 훨씬 무섭다. 대장은 무서워야 대장이라고 알고 있다. 왜 그런지는 모르지만.

나는 털썩 통나무에 주저앉고 말았다. 다리가 후들거려 울고 싶었다. 세 번째로 가던 언니가 "시현아 빨리 올라와. 너 그러다 누가 납치해"라고 말했다. 나는 몸을 질질 끌고 올라갔다. 그런 나를 보고 엄마가 "아까 그 벤치에서 쉬고 있을래?" 하고 물어봤다.

우리는 "응" 하고 막 내려가다 엉뚱한 길로 들어서 다시 올라가다가 내려왔는데 두 갈래 길이 나왔다. 우리는 한참 서 있다 왼쪽 길로 내려왔는데 벤치가 나왔다. 거기서 언니랑 놀다가 크리스마스카드에 나오는 나무에 빨간 열매가 많이 열려 있는 걸 보고 그걸 따서 전쟁놀이를 했다. 조금 있다가 엄마, 아빠가 내려와 서로 막 던지면서 놀았다.

참, 저녁에 고기 퐁듀를 먹었는데 너무너무 맛있었다. 그리고 주인 아저씨가 너무 재미있었다. 엄청 긴 호른도 불었고 엄청 큰 종도 들었다 놨다 했다. 주인 아저씨는 어려서부터 그 종을 날라 근육이 엄청 많다고 했다. 아빠보다 힘이 셀 것 같았다. 얼마나 힘이 셀까? 쌀 세 가마도 들을 수 있을까? 궁금하다. 이제 일기 끝이다. 네 페이지나 써서 손이 욱신욱신 아프다.

**인터라켄 하르더쿨름 산 중턱에 만들어진 벤치** 사별한 아내와 부모를 추억하며 기증한 시설물이다.

그래서 2시간 10분 코스를 골라 걸어 오르기로 했다. 작은애가 짜증을 냈다. 할 수 없이 걷다가 힘들면 내려오기로 하고 등산을 시작했다. 코스는 별로 힘들지 않았다. 중간쯤에 멈춰 서니 인터라켄이 한눈에 들어왔다. 비행장도 있었다. 규모로 봐서 민항기보다는 부유층의 사설제트기 등이 이용하는 공항 같았다.

서양인 청년 3명이 올라왔다. 물어보니 미국에서 왔댔다. 정자에 앉아 아이들과 늦은 점심을 먹고 크리스마스카드에 단골로 등장하는 호랑가시나무 열매로 전쟁놀이를 벌였다. 정자와 벤치 두 곳에 표지판이 있어 읽어보니 사별한 아내와 부모에 대한 애틋한 사랑을 담아 기증한 벤치였다. 괜찮은 아이디어 같았다.

숙소가 있는 서역 쪽으로 걸어가면서 베비스 레스토랑에 들러 고기 풍듀를 시켜 먹었다. 기름에 튀기는 거라 우리나라 샤브샤브만 못했다. 우리나라 신혼부부가 엄청 많았다. 한 신혼부부에게 물어봤더니 전날 한 30쌍쯤이 몰려왔다고 했다. 주인이 참 재미있었다. 헬스를 했는지 건장한 체격에 영어도 수준급이었다. 호른을 불어주고 소 목에 다는 30킬로그램짜리 종도 보여주었다. 어렸을 때 이 종을 하도 날라서 지금처럼 건장해졌다고 했다.

오랜만에 고기를 푸짐하게 먹고 시계를 보러 갔다. 아내가 좋은 시계를 탐내 100만 원 800스위스프랑 한도 내에서 시계를 사기로 했다. 한국인 점원의 안내로 시계를 보다 '론진' 시계를 하나 골랐다. 900스위스프랑이었는데 면세 포함 이리저리 할인받았더니 680프랑이었다. 아내가 횡재했다고 좋아했다. 가족들에게 줄 티스푼 등도 몇 개 샀다. 웬만한 스위스 가게에는 한국인, 중국인, 일본인 판매원이 있어 국내에서 쇼핑하는 것 같은 생각이 들었다. 얼마나 많이 오면……

숙소로 돌아와 웹북을 가진 한국인 대학생 여행객에게 사진을 외장 하드로 옮겨달라고 부탁했더니 흔쾌히 들어주었다. 다음 행선지가 이탈리아라고 했더니 로마며 나폴리며 피렌체며 상세히 설명해주었다. 고마워서 과일이랑 물이랑 초콜릿을 선물했다.

스위스는 겨울에는 올 곳이 못 되는 것 같다. 겨울 스포츠 마니아라면 모를까. 반대로 야생화가 지천일 봄이라면 정말 환상적일 것 같다.

### 11월 5일 비용

| | |
|---|---|
| 680스위스프랑 | 론진 시계 |
| 49스위스프랑 | 선물 |
| 89스위스프랑 | 저녁 |
| 81스위스프랑 | 먹을거리 쇼핑 |

# 루체른에서 드디어 기다리던 유람선 타봐

## 영어 못하는 청년 먼 거리 직접 안내해줘

유람선에서 본 풍경

스위스의 두 번째 도시인 루체른에 들렀다. 인터라켄에서 기차로 2시간 가량 걸리는 거리였다. 감기 증상으로 다들 몸이 좋지 않아 느지막이 일어나 시간이 허락하는 동안만 관광하기로 하고 여유 있게 출발했다. 하지만 기차가 가다 말고 다 내리랬다. 선로 공사 중이라 버스로 갈아타야 한다는 것이었다. 버스를 타고 한 30분쯤 달려 다시 기차를 타고 루체른 역에 내렸다. 가는 동안 차창 밖으로 보이는 경치가 예술이었다. 아내와 다음번에는 관광지 말고 이런 곳에 머물자고 했다. 프랑스서부터 느낀 거지만 다음 유럽 여행 때는 꼭 관광지가 아닌 곳 위주로 숙소를 정할 생각이다.

루체른 역에 내리니 호수가 있었다. 호수에 유람선이 있기에 가격을 물어보니 유레일패스 소지자는 무료랬다. 인터라켄에서 못한 호수 유람을 해보기 위해 서둘러 배에 올라 호수를 한 바퀴 돌기로 했다.

도중에 리기 산에 간다는 신혼부부를 만났다. 이 부부가 우리를 보고 "오다가 직장을 그만두고 여행 온 사람을 만났다. 참 대단한 대책 없는 사람이라는 뉘앙스로 사람이다"고 하자 큰애가 "우리 아빠도 그래요" 하고 말을 받았다. 신혼부부가 깜짝 놀랐다. 한편으로 놀랍고 한편으로 걱정이 되나 보았다. 아내와 나도 따라 웃었다. 이 신혼부부도 그다지 영어에 자신이 있는 것 같지는 않은데 용감하게 자기들끼리 다녔다. 계획도 신혼여행 전에 스스로 짰다고 했다. 동절기에 접어들어 산에 오르려면 서둘러야 할 거라고 조언해주고 헤어졌다. 리기 산도 책에 소개된 트래킹 명소 중 한 곳이다. 우리는 일정이 늦어진 데다 컨디션이 좋지 않아 리기 산 등정은 포기했다. 무엇

카펠교에 걸려 있는 성화들

보다 작은애가 트래킹을 따라오지 못할 것 같다는 우려 때문이었다.

신혼부부와 리기 산 부두에서 헤어진 뒤 우리는 계속 배에 눌러앉았다. 운행시간표를 보니 왕복 3시간이 걸렸다. 호수를 따라 늘어선 집들이 참 아름다웠다. 유람선 내 카페에서 커피와 코코아를 시켜 먹으며 경치를 한껏 구경했다.

호수가 물은 참 맑은데 고기가 없어 이상했다. 물 색깔도 옅은 비취색이 도는 듯했다. 빙하가 녹은 물이어서 그런가, 석회질이 많아서 그런가, 이도 저도 아니면 물이 차가워져서 물고기들이 깊은 곳으로 들어갔나? 아이들에게는 물이 차가워져서 물고기들이 깊은 곳으로 내려갔을 거라고 설명해주고 말았다.

배에서 내려 지붕이 있는 나무다리 카펠교로 향했다. 이 다리는 수백 년 역사를 자랑하는 유럽에서 가장 오래된 목조다리다. 1300년대 지어졌다는데 한 차례 불에 탄 뒤 재건축한 것이다. 이 다리에는 기독교 성화 수십 점이 들보에 판화로 내걸려 있었다. 몇 장은 불탄 흔적이 역력했고 아예 빈 자리

도 있었다. 불이 났을 당시 중요한 판화를 먼저 구했지만 일부는 소실되었다. 걷다 보니 다리 난간이 낙서투성이였다. 한글로 된 낙서도 상당했다.

카펠교를 지나 '빈사 瀕死 의 사자상'으로 향했다. 해가 뉘엿뉘엿 지면서 금방 어둑어둑해졌다. '빈사의 사자상'을 찾지 못해 지나는 한 청년에게 위치를 물었더니 영어로 뭐라 설명하려고 애를 태우다 답답한지 그냥 따라오랬다. 300미터는 됨직한 거리를 우리를 안내하고 "굿바이" 하고 되돌아갔다. 무척 고마워 팁을 주려고 했더니 정색을 하고 거절했다. 영어로 길 안내가 어려우니 아예 직접 길잡이를 한 것이었다. 바삐 길 가던 청년이었는데 수고로움을

**쿠셋 tip**

야간열차에 있는 침대칸은 말 그대로의 침대칸 Sleepers 과 쿠셋 Couchettes 으로 나뉜다. 침대칸은 보통 1~3인용이고 경우에 따라 개인 샤워시설이 있는 것도 있다. 가족이 아니면 여자끼리나 남자끼리만 쓸 수 있도록 되어 있다. 화장실은 공용이다.

쿠셋은 4~6인용으로 수건이 제공되지 않으며 공동 세면시설을 이용해야 해 침대칸보다 싸다. 이밖에 야간열차 중에는 의자가 뒤로 완전히 젖혀지게 되어 있는 것도 있다. 맞은편 의자에 사람이 없으면 침대 대용으로 쓸 수 있지만 아무래도 불편하다.

침대칸을 탈 때는 미리 배낭 한 개에 잠옷으로 갈아입을 옷과 슬리퍼, 세면도구를 따로 빼놓는 게 좋다. 그래야 침대칸에 타서 여행가방을 다시 뒤지는 불편을 막을 수 있다.

오랜 시간 여행하므로 빵, 과일, 음료 등 간식도 미리 준비해야 한다. 물을 미처 준비하지 못해 목이 탈 경우 화장실에 비치된 양치용 물을 마셔도 된다. 발을 따로 씻을 수 있게 되어 있지 않으므로 알아서 씻어야 한다. 대신 뒤처리는 깔끔하게 해야 한다.

마다하지 않는 모습이 매우 좋았다.


## '빈사의 사자상' 본 뒤 싼 아랍식당 또 찾아
### 침대칸 타는 이색 체험에 아이들 즐거워해

'빈사의 사자상'은 생각보다 컸다. 여행 책에서 봤을 때는 작아 보였는데 실제는 우람했다. 화살에 맞은 채 프랑스 부르봉 왕가 문장이 새겨진 방패를 베개 삼아 죽어가는 모습이 생생하게 표현되어 있었다.

'빈사의 사자상'은 프랑스 대혁명 당시 루이 16세를 끝까지 지키다 전원 사망한 786명의 스위스 용병을 애도해 만들어진 것이다. 스위스는 땅이 너무 척박해 차남부터는 용병에 지원하는 경우가 많았는데, 책임감이 우수해 최고의 용병으로 평가받았다

4-6인용 쿠셋 위층 침대에 가로막이 없어 잠버릇이 고약한 사람은 조심해야 한다.

고 한다. 당시에도 단 한 명의 도망자 없이 모두 장렬히 전사했다. "우리가 도망가면 우리 자식들은 앞으로 용병도 못하게 된다"면서 옥쇄를 택했다니 슬프기도 하다. 안 그래도 사자의 표정이 처연했다.

아이들이 사자상 앞 호수에 돌을 던지며 장난을 쳤다. 늦은 시간인데도 우리 말고 몇 가족이 더 있었다. 바로 위에는 빙하 공원인데 문이 닫혔다. 까치

발을 하고 들여다봤는데 어두워서 잘 보이지 않았다. 현장 안내책에 별다른 내용이 없어 위안을 삼고 어두워진 길을 되짚어 내려갔다. 길을 따라 내려오다 기차 시간에 늦을 것 같아 성벽과 중세 거리는 보지 않기로 했다.

저녁을 먹으려고 아랍식당을 찾았다. 역시 상당히 싼 가격에 양이 푸짐했다. 돼지고기와 프렌치프라이를 3인분 시켜 먹었다. 꽤 짰다. 유럽에서 느낀 건데 우리나라보다 음식이 대체로 짜다. 그런데도 이들 나라의 소금섭취량이 우리보다 한참 적은 것은 국이나 절인 반찬 문화가 없어서인 것 같다.

루체른 역으로 향하면서 아이쇼핑을 했다. 아기자기한 물건들이 꽤 많았다. 문방구에 들렀는데 엽서며 공책이며 연필이 참 예뻤다. 디자인이 상당히 세련되어 보는 것마다 사고 싶었는데, 가격이 비싼 데다 보관도 어려울 것 같아 몇 개만 샀다.

다시 카펠교를 지나는데 오리며 백조가 몰려들었다. 먹을 것을 줄 거라고 기대한 모양이었다. 식빵을 몇 개 던져 주자 '신 나라' 하며 먹었다.

루체른 역에서 46분을 달려 취리히에 도착했다. 취리히에서 10시 40분 야간 침대칸을 타기로 했다. 빈에는 다음 날 오전 8시 도착이었다. 예약비만 120유로가 들었지만 한번 경험해본다는 생각에 야간열차를 선택했다. 자다가 떨어질까 봐 애들은 아래 칸에 재우고 나와 아내가 위 칸에서 잤다. 위 칸은 안전장치가 없어 좀 위험해 보였다.

아이들이 즐거워했다. 짐을 침대 밑과 선반에 나눠 넣고 각자 편안한 옷으로 갈아입은 뒤 화장실로 가 이를 닦고 세수하고 발을 씻었다. 물이 흘러 휴지로 바닥을 청소했다.

차장이 와 여권과 유레일패스를 걷어 갔다. 국경을 넘을 때 깨우지 않기 위해서다. 스위스에서 시계를 사면서 작성한 세금환급증명도 차장에게 제출했다. 이걸 제출하지 않으면 면세를 못 받아 환불해야 한다.

조그만 등 하나만 남기고 불을 모두 껐다. 위 칸은 키 186센티미터인 내가 자기에는 조금 짧았다. 불편한 데다 찬바람이 솔솔 들어와 엎치락뒤치락 한 동안 잠이 들지 못했다.

### 11월 6일 비용

| 6스위스프랑 | 유람선 음료 |
|---|---|
| 12스위스프랑 | 문구류 구입 |
| 12.5스위스프랑 | 저녁 |
| 120유로 | 기차예약비 |

# Republic of Austria

# 오스트리아

## 오스트리아 일정_2일

11월 7일_슈테판 성당, 벨베데레 궁전-오페라 하우스- 왕궁

8일_제체시온-빈 대학-베토벤 하우스-빈 자연사박물관

# 빈에서 한 정거장 되돌아가 잡은 호스텔은 호텔급
## 시설 깨끗하고 편해 하루 더 묵으려다 그냥 가기로

쿠셋에서 새벽에야 잠이 들었다. 동이 트기 시작하자 작은애가 화장실에 다녀왔다. 나도 화장실에 갔다온 뒤 바깥 경치를 구경하다 까무룩 잠이 들었는데 차장이 "구텐탁" 하면서 아침을 날라다 주었다. 빵과 잼, 버터, 요구르트에다 아이들은 주스, 어른들은 커피였다. 아내와 아이들이 "와" 하며 좋아했다. 아침을 먹고 플라스틱 받침은 반납하고 나머지는 쓰레기통에 버렸다.

오전 8시 30분 도착을 10시 도착인 줄 알고 뭉그적거리다 바깥을 바라보니 빈 웨스트반호프 역이다. 허겁지겁 짐을 싸서 내렸다. 아내가 서두르다가 카메라를 놓고 나올 뻔했다고 웃으며 말하는데, 보니 배낭이 없었다. "당신 배낭은?" 하고 물었더니 놀라서 다시 들어가 가지고 나왔다. 모두들 웃었다.

안내소에 가서 휘텔도르프 호스텔을 물으니 9번 플랫폼에 가서 다시 기차를 타고 한 정거장을 거꾸로 되짚어 가면 휘텔도르프 역이라고 했다. S반이라고 국철인 것 같은데 열차 안에 어린이 놀이방이 있었다. 열차를 타고 출퇴근하는 부모들을 위한 배려인 것 같았다. 예쁜 소파들이 놓여 있고 볼 풀도 있는 그곳에서 TV를 봤다. 5분도 안 가니 휘텔도르프 역이었다. 역에서 내려 신문을 파는 사람에게 휘텔도르프 호스텔을 물으니 길 건너 한 100미터만 가면 된댔다. 짐을 끌고 가보니 그곳은 호텔이었다. 다시 파출소에 가서 주소를 불러줬더니 친절하게 알려주었다. 역에서 걸어서 한 300미터는 됨직했다. 중간에 또 친절한 아주머니가 영어로 위치를 다시 한 번 설명해줘 편하게 찾을 수 있었다. 새삼 느꼈지만 친절한 사람들이 참 많았다.

아직 체크인 시간이 안 되어 호스텔에 짐을 맡기고 빈 시내로 가 슈테판 성당을 찾았다. 역시 때 벗기는 작업 중이었다. 관광지를 갈 때마다 유적지 외벽 때 벗기는 곳이 항상 있었다. 아무래도 성수기를 피해 작업하는 것 같았다.

점심때가 조금 지나 슈니첼을 파는 식당에 들어가 점심을 먹었다. 3인분에 25유로쯤 했다. 맛이 꽤나 고소해 아이들이 특히 좋아했다. 이후 오페라 하우스, 왕궁 등을 돌아봤다. 멋있었지만 날씨가 너무 추워 고통스럽기까지 했다.

오스트리아 빈 슈테판 성당의 조각  화려했지만 어쩌랴. 이미 프랑스에서 식상해 버렸는걸.

클림트를 좋아하는 아내는 클림트의 〈키스〉가 있는 벨베데레 궁전을 찾아갈 생각에 들뜬 목소리였다. 다음 날엔 클림트의 대형 벽화가 전시된 또 다른 박물관을 찾아간다고 했다.

한 번 지하철을 타는 데 어른은 1.8유로로, 아이들은 0.9유로였다. 한 노숙자가 오더니 친절하게 사용법을 안내해주겠댔다. 냄새가 참을 수 없을 정도로 지독해 괜찮다고 거절하고 다른 곳으로 갔다.

자꾸 영국이 물가가 비싼 곳이 아니라는 생각이 들었다. 영국은 박물관이나 미술관 대부분이 무료고 돈을 받는 곳도 아이들은 무료다. 부엌만 있는 호스텔을 구하면 정말 저렴하게 관광이 가능한 곳이 영국이라는 생각이 들었다.

5시간쯤 관광하다 호스텔로 돌아와 방 배정을 받으니 호텔급이었다. 아침도 주는데 하루 방값이 75유로 수준이었다. 방 안에 욕실도 있고 빨래방도 있었다. 커피포트, 냉장고는 공용이었다.

피자와 함께 포도주를 마시고 라면으로 몸을 데웠다. 빨래하고 샤워를 한 뒤 누웠다. 호스텔을 마음에 들어한 아내와 아이들이 이틀 뒤에 다시 8시간 기차를 타는 일정은 너무 힘들다며 이곳 일정을 3일로 늘리자고 했지만 그냥 이틀로 하기로 했다. 예정대로 8일 새벽 기차를 타기로 했다. 새벽은 항상 주의해야 한다. 나중에 알게 되겠지만 여유만만 가족이 또 한 번 낭패를 당

### 채은이의 일기

밤 기차를 타고 온 덕에 빈에서는 기차에서 내리자마자 짐을 맡기고 관광에 나섰다. 먼저 들른 곳은 슈테판 성당이었다. 이곳은 모차르트가 결혼식을 올린 곳이고 장례식도 치른 곳이라고 했다. 이곳이 모차르트와 이렇게 깊은 연관이 있는지 몰랐다. 눈을 감고 모차르트가 부인과 함께 이곳에서 환하게 웃는 장면을 상상했다. 탑 꼭대기에 올라가 빈을 한눈에 내려다보고 싶었지만 입장료를 부담스러워한 아빠, 엄마가 그냥 가자고 했다. 엄마, 아빠는 미술관, 박물관은 다 다니면서 이런 데 돈 쓰는 것은 아까워 했다. 지하에 내려가 합스부르크 왕가 사람이랑 흑사병으로 죽은 사람들의 묘도 다 보고 싶었는데.

두 번째 간 곳은 오페라 하우스였다. 여기는 뭐 그렇게 대단해 보이지 않아 밖에서만 보았다. 이곳은 제2차 세계대전 때 무너졌다가 다시 지었는데 첫 공연 때 소리가 엉망이었다고 했다. 사람들은 건물을 잘못 지어 소리가 엉망이라고 비난해 설계자가 자살했다고 한다. 죄 없는 설계자가 너무 불쌍했다.

세 번째는 호프부르크 왕궁이었다. 이곳 정원에 모차르트 동상이 서 있었다. 동상 앞에는 꽃으로 된 커다란 높은음자리표도 있었다. 처음에는 이게 뭔가 했는데 높은음 자리표였다. 사진을 찍었어야 했는데 못 찍었다.

하게 된다.

**11월 7일 비용**

| 10.8유로 | 지하철비 |
|---|---|
| 150유로 | 숙박비 |
| 25유로 | 점심 |
| 18유로 | 저녁 : 피자, 음료, 과일 등 |

# 빈 대학에서만 노벨상 수상자가 9명이라니

## 미술사박물관 가려다 실수로 맞은편 자연사박물관 들러

아내가 작은애와 클림트를 보러 제체시온에 간다고 해 나는 큰애와 빈 대학과 베토벤 하우스, 빈 미술사박물관을 보러 가기로 했다. 빈 미술사박물관에는 유명한 바벨탑 그림이 있다.

아침을 먹고 여유를 부리다 오전 11시쯤 각기 출발했다. 날씨는 여전히 10도 미만으로 매섭지는 않았지만 꽤 추웠다. 시간 여유가 있어서 기차역 자판기를 자세히 살피다가 왕복으로 표를 끊으면 전날처럼 편도를 사는 것보다 1.8유로가 싸다는 사실을 알았다. 역시 꼼꼼히 살펴야 한다. 아이들은 왕복으로 끊어도 할인이 안 된다.

빈 대학 건물이 제법 멋있었다. 현관을 거쳐 안쪽 마당으로 들어가니 복도를 따라 흉상이 가득했다. 아마 이 대학 교수 중 유명한 사람들의 흉상이겠

오스트리아에서 클림트를 볼 수 있으리라고는 생각지도 못했다. 일단 머무는 기간이 짧은 데다 오스트리아에 대한 정보가 부족했기 때문이었다. 책에서만 읽었던 베토벤 9번 교향곡 「합창」에 헌정하기 위해 만든 프레스코화를 예상에도 없이 만나다니! 꿈만 같았다. 클림트를 사랑하지 않는 사람들에게는 다소 비싼 8.5유로를 내고 그의 작품을 보았다. 남편이 카메라를 가져가서 사진을 찍을 수 없어 무척 안타까웠다. 하나하나 올려다보며 작품 해석을 내가 먼저 했다. 내가 가진 느낌들이 설명서를 읽으며 많이 맞아떨어져 기뻤다. 작품을 많이 대하다 보니 안목이 생긴 것 같았다. 올려다보게 한 의도가 뭔지 모르겠지만 떠 있는 듯, 나는 듯한 여인들의 모습을 아래서 올려다보는 것이 더 좋으리라는 생각이다.

남편과 헤어져 작은애랑 다니니까 재미있다. 둘이서 도란도란 얘기도 많이 나눴다. 작은애가 길 찾는 데도 더 적극적이 되었다. 다리가 아파도 덜 칭얼거린다. 궁전은 베르사유를 보고 난 뒤 별 감흥이 안 든다. 대신 클림트의 〈The Kiss〉와 〈Judit I〉을 비롯해 에곤 실레의 예견치 못한 작품을 건져 기분이 좋았다. 그의 작품은 선들이 비뚤거리고 사람들은 모두 말라 보였다. 색깔도 탁하고 어두운 회색, 청색, 검정이 많았다. 고흐를 닮은 사람들이 많았다.

클림트의 대작 〈베토벤 프리즈〉가 전시돼 있는 제체시온

거니 하고 걷는데, 그 유명한 심리학자 지크문트 프로이트, 철학자 칼 포퍼, 천체물리학자 크리스티안 도플러, 물리학자 에르빈 슈뢰딩거의 흉상이 있는 게 아닌가. 또 현관 입구에는 이 대학 출신 노벨상 수상자 9명의 사진이 걸려 있고 가운데 '다음은 누가 될까'라는 뜻으로 '?'표가 걸려 있었다.

**빈 대학의 노벨상 수상자들** 다음은 누구 차례가 될까라는 뜻으로 물음표가 걸려 있다.

큰애한테 혹시 네가 될지도 모르니 사진을 한 장 찍자고 했다.

빈 대학을 나와서 베토벤이 머물며 교향곡 3편을 쓴 베토벤 하우스 <sub>정식 이름은 파스콸라티 하우스</sub>가 어디 있는지 물었더니 남녀 학생이 처음 들어본다고 했다. 그래서 지도를 보여줬더니 지도상으로 저쯤인 것 같다면서 한 번도 안 가봐서 모르겠댔다. 희한하게 생각하며 그쪽으로 갔더니 베토벤 하우스가 있었다. 안내판에 베토벤이 이곳에서 교향곡 4, 5, 7번과 서곡, 협주곡 등을 작곡했다고 나와 있었다. 독일어로 된 안내판에 입장을 원하면 바로 옆 기념품점으로 가라고 되어 있는 것 같아 기념품점을 들여다보니 문이 닫혀 있었다. 마침 점심시간이어서 문을 닫은 건지 관리인이 급한 일로 잠시 자리를 비운 건지 모르겠지만 기다리기가 싫어 길을 재촉했다.

대로를 따라 국회의사당과 신·구 왕궁을 둘러봤다. 오스트리아의 번영을 이끈 마리아 테레지아 <sub>프랑스 혁명 때 죽은 마리 앙투아네트의 어머니이기도 하다</sub>의 동상이 있었다. 정원에서는 비둘기 수십 마리가 한 아주머니를 쫓아다니기에 가까이 가보니 먹이를 주고 있었다. 아마 주기적으로 먹이를 주는 것 같았다. 비둘기, 심지어 까마귀들까지 계속해 이 아주머니를 쫓아다녔다.

마지막으로 미술사박물관에 들르기로 하고 입장권을 사 들어갔더니 계단 정면에 다윈 동상이 있었다. '어 다윈이 왜 여기 있지?' 하며 표를 자세히 보니 자연사박물관이었다. 쌍둥이 건물이 마주 보고 있어 착각했다. 이런 젠장. 큰애가 "와 잘되었다!" 하면서 좋아했다.

전시가 비교적 잘 되어 있었다. 규모는 영국 자연사박물관보다 조금 작은 것 같았지만 짜임새 있게 잘 전시해놓았다. 마지막으로 이 박물관의 최고 전시품인 '빌렌도르프의 비너스'를 보러 갔는데, '아뿔싸' 엄지손가락만 한 크기

### 채은이의 일기

미술관은 정말 가기 싫었는데 아빠가 또 미술관을 가자고 했다. 유명한 바벨탑이라는 그림을 꼭 보고 싶다고 했다. 아빠는 안 가려는 나를 질질 끌다시피 데리고 갔다. 입구에 아쿠아리움이 있었다. 규모가 작아 금방 보고 나오는데 건너편에 보석관이 있었다. 가공하기 전 금덩어리, 다이아몬드 등 온갖 보석이 있었다. 저 보석을 다 가지면 일 년 내내 유럽을 돌아다녀도 남을 만큼 돈이 많아질 텐데.

아빠가 갑자기 불렀다. "여기 아무래도 자연사박물관 같아." 나는 좋아라 했다. 하지만 아빠는 계속 바보, "바보 하고" 넋 놓고 중얼거리고 계셨다.

내가 가장 기억에 남는 것은 물고기 전시관과 비너스였다. 앞니가 툭 튀어나온 뻐드렁니 물고기. 산호를 뜯어 먹고 산단다. 길이가 5~6미터는 됨직한 갈치 모양 물고기, 실러캔스. 물속에서 이런 물고기를 보면 난 아마 기절할 것이다. 그리고 학명이 몰라몰라(Mola-Mola)인 개복치도 봤다. 보기만 해도 끔찍한 온갖 종류의 상어도 봤다.

비너스는 내가 기대한 것과 달리 머리는 보름달이고 눈, 코, 입도 없고, 가슴하고 배하고 엉덩이만 툭 튀어나온 세계 최고의 O라인 비너스였다. 선사 시대 때 만들어서 그런가? 그런데 이 작품이 이 자연사박물관의 자랑이란다. 특별히 보안장치가 된 유리관 안에다 전시해놨다. 참 이상하다.

였다. 큰애와 나는 실소를 금치 못했다. 하지만 구석기 시대에 이런 예술품을 만든 걸 가상하게 생각하며 문을 나섰다.

빈의 자연사박물관 입장권 앞의 '다윈의 진화'를 보기만 했어도 실수를 안 하는 건데…….

숙소로 돌아오는 길에 큰애와 "엄마와 우리 중 누가 먼저 도착할까"를 두고 1유로 내기를 했다. 큰애는 우리가 먼저라고 해서 나는 아내팀이 먼저라고 했다. 기차에서 내려 슈퍼 있는 쪽으로 가니 우리 바로 앞에 아내와 작은애가 걸어가고 있다.

슈퍼에 들러 먹을 것을 사 전자레인지에 데워 먹었다.

다음 날 새벽에 출발해야 해 짐을 정리하고 10시에 잠자리에 들었다. 큰애가 잠자리에 들면서 내일 베네치아에서는 베네치아 말고 한 정거장 전에 내려 숙소를 구하자고 했다. 그러면 이곳처럼 깨끗하고 값싼 호스텔이 있을 거라고 하면서. 기특한 놈이다.

### 11월 8일 비용

| | |
|---|---|
| 8유로 | 박물관입장료 |
| 13유로 | 벨베데레 입장료 |
| 4유로 | 선물 |
| 11유로 | 먹을거리 쇼핑 |
| 36유로 | 기차 예약 |

# Italy

# 이탈리아

## 이탈리아 일정_9일

11월 9일_베네치아 도착 10일_베네치아 11일_로마: 산타마리아 교회-

산탄젤로 성 12일_로마: 산피에트로 인 빈콜리 성당-콜로세움-포로 로마노-

트레비 분수 13일_바티칸: 성 베드로 대성당-시스티나 성당-성 베드로 광장

14일_피렌체: 피렌체 성당-우피치 미술관-베키오 다리- 피사의 탑

15일_판테온-나폴리 16일_소렌토-포지타노-아말피

17일_폼페이-치비타베키 항-스페인행

# 피로한 상태로 새벽에 일어나 기차 잡는 고역
## 또 늦어 허겁지겁 뛰고, 잘못 타 다시 택시 타고 소동

　새벽 4시 30분에 일어나 5시에 출발하기로 했지만 일어나니 5시가 훨씬 넘었다. 아침 6시 23분 기차여서 허겁지겁 가방을 챙겨 나갔다. 10분쯤 걸어 역에 도착하니 갑자기 배에서 신호가 왔다. 빈 역까지 10분이 채 걸리지 않아 아내와 아이들에게 잠깐만 기다리라고 하고 화장실에 들어가니 노숙자 세 명이 바닥에 자고 있었다. 악취가 코를 찔렀다. 아내에게 혹시 여자 화장실을 쓸 수 있나 체크해보라고 했더니 문을 열어본 아내가 육교에서 구걸하는 할머니 등 여자 노숙자들이 자고 있댔다. 할 수 없이 체크 아웃한 호스텔로 다시 뛰어갈 수밖에 없었다.

　한 20분을 기다리다 기차를 타고 웨스트반호프에 도착해 표를 살펴보곤 기겁을 했다. 출발역이 웨스트반호프가 아니라 쉬드반호프가 아닌가. 기차 출발까지 30분도 안 남아 택시 승강장으로 달려갔다. 택시를 타고 쉬드반호프로 가자며 시간이 없으니 속도를 내달라고 부탁했다. 택시운전사가 가까우니 걱정 안 해도 된다고 안심시켜줬다. 택시비로 13유로를 내고 뛰다시피 역 안으로 들어가 겨우 기차를 탈 수 있었다. 이 기차를 놓치면 오후 8시 40분 기차를 타야 했다. 금쪽같은 하루를 그냥 날리는 것이었다.

　기차를 타고 나서 한숨 돌리자마자 기차가 출발했다. 우리는 안도의 숨을 쉬며 준비해온 빵과 주스, 요구르트로 아침을 먹은 뒤 곤하게 잠이 들었다. 눈을 뜨니 기차가 엄청난 속도로 산악지대를 달리고 있었다. 터널의 연속이었다. 풍경이 달라지고 눈을 이고 있는 산도 있는 것으로 보아 알프스 산맥을 지나 이탈리아에 접어든 것 같았다.
평야가 길게 이어지며 점점이 박힌 마을
풍경이 게르만과는 다른 풍경을 선사했
다. 날씨도 많이 온화해졌다.

어느덧 바닷가를 따라 베네치아의 관
문인 산타루치아 역에 도착했다. 큰애
가 얘기한 대로 한 정거장 전에서 내리
려고 하다가 혹시 모르니 그냥 종점에
가서 정확한 정보를 파악한 뒤 다시 되
돌아오자고 했다. 바로 전 정거장과 종
점과는 몇 분 차이가 나지 않았다.

베네치아의 상징인 날개 달린 사자상

점심때가 한참 지난 시간이어서 대합실 한쪽 식당에서 조각 피자를 시켜
먹었다. 그런데 피자가 굉장히 얇아 특이하게 생각했더니 이탈리아 피자가
원래 그렇단다. 우리 말고도 대다수 여행객들이 피자로 늦은 점심을 해결하
고 있었다.

우리는 대합실 한쪽에 있는 여행안내소로 갔다. 세 명의 여직원이 있었다.
한 여직원이 한 정거장 전에 있는 호스텔은 하루 80유로 수준이라고 말해줬
다. 그중 부엌과 세탁기를 갖춘 곳을 찾아달랬더니 1박에 88유로짜리를 추
천해줬다. 우리는 고맙다며 계산한 뒤 다시 한 번 위치를 확인하다 깜짝 놀
라고 말았다. 말과 달리 베네치아 내부의 숙소가 아닌가. 하지만 이미 인터
넷 예약을 해놓아 취소가 안 된다고 했다.

# 여행안내소 아가씨가 실수로 베네치아 내 숙소 잡아줘

## 숙소 찾느라 1시간 헤매…… 불친절한 중국상인에 원망

우리는 당초 계획대로 베네치아 한 정거장 전에다가 숙소를 구하려고 했기 때문에 다시 예약해달라고 했더니 예약 취소가 안 된다고 했다. 앞서 그녀는 한 정거장 전에 80유로 정도의 호스텔이 꽤 있다고 말했던 것을 금세 까먹은 모양이었다. 우리는 한 정거장 전에 숙소를 구했다면 짐을 호스텔에 맡겨두고 편안한 마음으로 베네치아 역과 베네치아 섬 간 연결된 다리를 건너 절반만 구경하고 지리가 익숙해지면 다음 날 본격적으로 베네치아를 돌 계획이었다. 당연히 비싼 수상버스비 <sub>4명에 24유로인 데다 안내책에 짐 값도 따로 매긴다고 되어 있다</sub> 를 낼 필요가 없는 것이었다.

사실 그 여직원은 우리 말을 이해하지 못하는 표정이었다. 베네치아 밖으로 나가면 한 번 더 수상버스를 이용해야 하는데 수상버스를 핑계로 대다니. 의사소통에 문제가 있었거나 그녀가 자기 생각을 고집했거나 둘 중 하나였다. 서로 짜증이 나기 시작했다.

더 화가 났던 것은 이 직원이 예약비 8유로를 더 달라고 요구한 것이었다. 우리는 왜 우리가 요구한 대로 해주지 않았냐고 따졌지만 "실수였다. 미안하다"고 사과하는데 화를 낼 수도 없어 그냥 8유로를 줄 수밖에 없었다. 사실 예약하면서 예약비가 있다는 말도 그 여직원은 우리에게 해주지 않았다. 뭔가 확실하게 맺고 끊는 게 부족해 보였다. 사회적 시스템보다 정에 이끌리는 측면이 많아서 이탈리아와 우리나라 사람들이 비슷하단 말이 나왔을지도 모르겠다.

그 여직원에게 걸어가면 얼마나 걸리겠냐고 물어봤더니 30분이면 충분하다고 하면서 지도에다 길을 표시해주었다. 웬만큼 독도법에 통달한 사람도 그가 내민 지도를 따라가기는 힘겨울 것 같았다. 골목이 장난이 아니었다.

**한 식당의 멋진 간판** 베네치아는 간판이 인색하기로 유명하다. 이 정도면 큰 거다.

일단 역 앞으로 나왔더니 비가 세차게 내렸다. 이 비를 맞으며 걷기는 어렵다고 보고 수상버스를 탔다. 수상버스 내부에 좌석이 있어 마치 버스에 앉은 것 같았다. 유리창을 열고 바깥 경치를 구경하니 화가 조금 가라앉았다.

크게 두 구역으로 나뉜 베네치아를 연결하는 리알토 다리에서 내려 지도를 봐가며 위치를 찾는데 쉽지가 않았다. 한 상점에 들어가 중국인으로 보이는 주인에게 위치를 물었더니 힐끗 쳐다보더니 엄지손가락으로 옆을 가리켰다. 그가 가리킨 방향으로 30분쯤 가도 숙소가 보이지 않기에 번지수로 찾기로 하고 번지를 찾아 헤매고 다녔다.

웬만큼 근접해가는데 영어를 모르는 현지인 둘이서 지도를 보고 안내해준다는 게 우리를 더 먼 곳으로 인도했다. 아마 아내가 지도를 보여주며 물어본 것을 착각했던 것 같다. 아이들과 아내는 거의 파김치가 되었다. 아내는 나중에 주저앉아 울려고 했다고 한다.

그 사람들에게 알지도 못하면서 나섰다고 화를 낸 뒤 그 사람들한테 정말 미안하다. 돕겠다고 했다가 관광객에게 야단을 맞았으니 얼마나 억울했을까? 다시 번지를 찾아 30여

## 베네치아에서 길 찾는 법

베네치아 길은 미로로 악명이 높다. 복잡한 지도만 봐도 겁이 날 정도다. 실제 건물도 다 고만고만하고, 수로 때문에 길이 갑자기 끊기기도 해 헷갈리는 건 사실이다. 하지만 쉽게 찾는 방법이 있다. 길이 갈라지는 곳에는 어김없이 산마르코 광장 끝, 리알토 다리 중간, 페로비아역 방향, 산타마리아 역 등의 글자가 쓰여 있다. 즉 자기가 가고자 하는 목표가 이 세 곳 중 어디와 가까운지를 파악하고 여기를 찾아간 뒤 다시 지도를 보고 찾아가면 된다. 우리는 하루 만에 베네치아의 상당 지역을 둘러봤다. 관광지를 누비다 돌아오는 길은 정말 여유를 부리면서 걸어왔다. 베네치아는 또 번지수가 체계적으로 정리되어 있어 대충 위치만 알면 번지수로 쉽게 찾을 수 있다. 간판은 거의 없는 거나 마찬가지여서 절대 간판으로 찾을 생각은 말아야 한다.

분을 뒤진 끝에 목적지를 찾았다. 벨 누르는 곳에 명함만 한 크기로 가게 이름이 붙어 있었다.

그런데 처음 물어본 중국인 가게의 바로 옆집이었다. 그냥 '넥스트 도어'라는 말 한마디만 하거나 일어나서 그 집 대문을 가리키는 수고만 했어도 1시간 이상 헤매는 일이 없었을 텐데. 원망스러웠다. 욕이 절로 나왔다. '개××' 그 작자를 보며 내뱉은 말이었다.

**11월 9일 비용**

| 13유로 | 택시비 |
|--------|--------|
| 26유로 | 수상버스비 |
| 12유로 | 저녁 |
| 9유로 | 간식 |

## 이탈리아 미남이 유머러스하게 맞아줘 화 삭여
**하지만 빈대가 출몰할 줄은 꿈에도 생각 못해**

벨을 눌렀더니 젊고 잘생긴 친구가 우리를 맞았다. 비에 젖은 생쥐 꼴을 보더니 욕실이 딸린 120유로짜리 방을 88유로에 주겠다고 했다. 이탈리아 청년 특유의 밝은 표정으로 마구 떠들었다. 애들한테도 너무 예쁘다며 칭찬 일색이었다. 영어가 꽤 유창했다.

우리는 너무 피곤해 베네치아에서 하루 더 묵기로 하고 둘째 날도 방을 빌리겠다고 하니 100유로를 달랬다. 그것도 고마워 우리는 흔쾌히 허락하고 서둘러 저녁을 준비했다.

아내와 아이들이 짐을 푸는 사이 나는 주인에게 가장 가까운 가게가 어디냐고 물어보고 한 차례 설명을 들은 뒤 곧바로 길을 나섰다. 이미 상당히 헤맨 길이어서 쉽게 가게를 찾을 수 있었다. 과일과 음료수, 빵, 야채, 피자, 과자, 포도주 등을 한 아름 사서 돌아왔다. 섬이라는 특수성에 비해 물가가 상당히 쌌다. 오는 길에 주인과 마주쳤는데 "상당한 지리감"이라며 엄지손가락을 치켜세웠다. 한 차례 설명으로 찾기 쉽지 않았을 텐데 용케 빨리 갔다 왔다는 것이었다.

부엌에서 처음으로 라면을 제대로 맛나게 끓이고 피자도 데워 먹었다. 열심히 먹는데 먼저 식사를 마치고 설거지를 하던 일본인 여학생 두 명이 라면을 어디서 구했냐고 물었다. 우리가 가지고 온 것이라고 했더니 "아, 네" 하더니 더이상 묻지 않았다. 우리가 나눠 먹자고 했더니 일본인 특유의 예의를

**시현이의 일기**

기차를 8시간이나 타고 왔다. 기차 타는 게 지겹다, 이젠. 베네치아에 와서 숙소를 찾는데 너무 힘들었다. 쏟아지는 비를 맞으며 무거운 짐을 끌면서 거의 1시간 넘게 찾아 헤맸다. 나중에 보니 내 손가락 두 개보다 조금 큰 간판으로 'B&B 로타'라고 써 있었다. 이걸 보고 아빠가 주인에게 'What a big sign?' 하며 비꼬았다. 물에 빠진 생쥐 꼴인 우리를 보고 젊고 잘생긴 주인이 제일 좋은 방이라며 꼭대기 방을 추천해줬다. 아빠가 방을 잡자마자 주인한테 슈퍼 위치를 물어보더니 스파게티, 과일, 주스, 포도주, 빵, 요구르트 등을 사 오셨다. 간식을 먹은 뒤 자려는데 벽에 벌레가 기어 다니고 있었다. 아빠가 별거 아니니 신경 쓰지 말라고 했는데 무서워서 아빠한테 꼭 기대어 잤다.

차리며 사양했다.

설거지를 하는데 그냥 있기도 어색해 "어디서 왔냐, 여기는 어디가 좋냐" 고 물어봤다. 영국 유학생인데 며칠째 베네치아에서 묵는다고 했다. 무라노 섬이며 여기저기를 돌아다녔는데 기대만큼 좋지는 않았다고 했다.

추위에 약해 고생했던 아내가 배도 부르고 따뜻해서 너무 좋다면서 곤히 잠들었다. 젖은 옷가지를 대충 정리해서 널어놓고 팔베개를 하고 누웠는데 나무로 만든 서까래가 보였다. 제일 꼭대기 방이었다. 근데 이유 없이 불안 감이 엄습하는 게 아닌가. 무슨 벌레라도 나올 것 같은 느낌이었다. 하얗게 회칠한 벽을 보니 조그맣고 납작한 벌레 몇 마리가 기어 다녔다. 설마 빈댈 까 싶어 그냥 놔두고 잠이 들었다.

베네치아의 곤돌라들

8시 10분에 일어나 아침을 준다는 옆집 카페로 갔다. 달랑 크루아상 한 개와 커피 한 잔을 주었다. 이게 다냐고 물었더니 다랬다. 이탈리아 사람들은 아침을 진짜 간단하게 먹는다더니 정말 대단했다.

옆자리에 영화 〈길〉의 앤서니 퀸처럼 생긴 할아버지가 친구들과 함께 아침부터 수다를 떨었다. 그러고는 작고 하얀 잔에 담긴 에스프레소를 원샷으로 들이켰다. 내가 본 것만 석 잔이었다. 그 옆으로 볼품없이 생긴 개들이 지나다녔다. 집 안이나 밖에서 약간 퀴퀴한 냄새가 뿜어져 나왔다.

또 비가 왔다. 우산과 우비를 챙긴 뒤 걸어서 산마르코 광장에 갔다. 지도를 보며 찾아갔는데 숙소에서 금방이었다. 나름 독특한 건축물이었다. 명사들이 즐겨 찾았다던 카페를 찾았지만 못 찾았다. 광장에 나무다리를 만들어놓아 이 다리가 왜 필요한지 궁금했는데 나중에 알고 보니 겨울철 우기가 되면 광장 전체가 잠긴다. 그래서 이 다리를 만들어놓은 것이다. 베네치아가 조금씩 가라앉으면서 생기는 현상이다.

광장 한쪽에는 높은 탑에 베네치아의 상징인 날개 달린 사자상이 있었다. 그 옛날 베네치아가 누렸던 번영에 비한다면 다소 작게 느껴졌다. 그래도 날개 달린 사자를 상징으로 고른 것은 잘했다는 생각이다. 이름만으로 따지면 세계 3대 영화제 베를린의 황금곰상, 칸의 황금종려상, 베네치아의 황금사자상 중 황금사자상이 제일 멋있다. 유치한 생각이지만 말이다.

가면서 곤돌라도 많이 봤다. 한 번 타는 데 50유로였다. 비가 와서 그런지 곤돌라는 타는 사람들이 별로 없었다. 아내와 상의한 끝에 곤돌라 타는 것을 포기했다. 30분 정도 배 타고 섬을 한 바퀴 도는 것치고는 너무 비쌌기 때문이다.

가는 길에 선물가게에 들러 귀걸이, 목걸이, 십자가 등 선물을 샀다. 유리
공예로 유명한 무라노 제품이라는데 비싼 것은 꽤나 정교했다. 가게를 많이
들리다 보니 나중에는 어느 게 무라노 것이고 어느 게 중국산인지 구별하는
능력도 생겼다.


## 베네치아의 물가는 서유럽보다 싼 편

### 중국 상인도 많고, 기념품도 조악한 중국산 천지

스파게티 재료를 사다 요리해 방에서 배 터지게 먹었다. 총 18유로가 들었
다. 식당에 가면 한 사람 가격에 불과한 돈으로 네 식구가 포식한 것이었다.

### 채은이의 일기

시현이와 나는 숙소에 일찍 돌아오고 엄마와 아빠는 내일 역으로 갈 때 헤매지 않기
위해 역까지 가는 길을 익혀놓겠다고 나갔다. 방에서 시현이랑 웃긴 동영상을 찍으면
서 신나게 놀았다. 그런데 벽에 빈대가 보여 잡으려고 팔짝 뛰는데 우지끈 소리가 나더
니 침대 가운데가 푹 꺼지는 게 아닌가. 나는 깜짝 놀라서 침대 시트를 들췄더니 가로
막대 하나가 뽑혀 떨어져 있었다. 다행히 나무판이 부서진 건 아니었다. 둘이 힘을 합
해 끼우려는데, 힘이 달려 도저히 끼울 수가 없었다. 우리는 결국 연기를 하기로 했다.
나무판을 그냥 올려놓고 아빠, 엄마가 돌아오면 장난치는 척하다가 내가 살그머니 그
판자를 건드려 떨어뜨린 뒤 "어, 이거 왜이래?" 하고 놀라는 척하는 것이다.
완벽한 계획이었다. 게다가 우리 자매는 연기력도 뛰어나서 부모님은 완벽하게 속
아 넘어갔고 아빠는 낑낑대며 나무판자를 침대에 끼워 넣으셨다. 오늘 일어났던 일은
평생 기억에 남는 재밌는 일이 될 것 같다.

베네치아는 밥값도 서유럽에 비해 다소 쌌다.

오후에도 비가 그칠 기미를 보이지 않아 애들을 집에서 쉬게 하고 아내와 함께 산타마리아 역까지 걸어가 보기로 했다. 다음 날 비가 그치면 걸어서 역으로 가 수상버스비 26유로라도 아끼려는 것이었다. 지도를 보고 찾아갔더니 40분 정도 걸렸다. 다시 되돌아와 숙소에 들러 빨래를 하고 애들과 얘기를 하다 미심쩍어 다시 한 번 가보기로 했다. 이번에는 30분 정도 걸렸다.

**아내의 감성 포인트**

전날 답사 덕에 30분 만에 걸어서 역에 잘 도착했다. 네 개의 다리를 지날 때마다 시현이가 가방을 들어줘 많은 도움이 되었다. 문진(paper weight)에 대한 미련을 버리지 못해 역 근처에서 11유로를 주고 구입했다. 중국산임에 틀림없다. 무라노 제품이라면 최하 100~300유로는 할 것이다. 그런대로 다른 제품에 비해 덜 조악해 구입하기로 했다. 이제 문진과 가면은 중국산과 베네치아산을 확실히 구별할 수 있는 안목이 생겼다. 기차를 기다리는 20분 동안 시현이와 발품을 팔아 역 근처 가게를 예닐곱 군데 돌아다니면서 문진을 골랐다.

이번 베네치아 여행은 실망스러웠다. 길을 알고 비도 내리지 않는 상태에서 30분 걸리는 거리를 15분이면 된다고 뻔뻔스럽게 얘기하는 예약 안내 여직원이나, 10유로를 할인해준다는 명목으로 이틀 동안 수건 달랑 4장만 주고 청소도 하지 않는 B&B. 남편은 빈대 잡느라 잠도 설치고, 남들은 오븐에 젖은 신발 말리게 놔두고 우리가 말리려니까 전원을 꺼버리는 젊은 사장. 아침엔 온통 개들을 데리고 나와 여기저기 배변을 시키면서 아무도 치우지 않는다. 숙소 옆 중국인은 또 얼마나 불친절했나? 베네치아는 '물 위의 도시'라는 호기심 때문에 한번쯤 와볼 만하지 두 번 다시 오고 싶지 않은 곳이다.

그리고 더 억울한 건 떠나는 날 햇볕이 쨍쨍 난 것이다. 루체른에서 빈으로 갈 때도 그랬는데 비 오는 날은 관광하고 맑은 날은 기차 타고 이동하는 형국이다. 머피의 법칙인가?

마지막으로 역 근처에 가서는 번듯해 보이는 건물에 들어가 문진을 살펴봤다. 마음에 드는 문진이 꽤 있었다. 근데 여태껏 본 것 중 가격이 제일 비싸 깎아 달랬더니 정찰가라서 안 된댔다. 자기 집 것은 모두 무라노 진품이며 중국산이 아니랬다. 속으로 '그런 게 어딨어' 하면서

**베네치아에서 산 중국산 문진** 무라노산에 비해 3분의 1 이하 가격인 데다 조악해 한눈에 알 수 있다.

목걸이 하나만 샀더니 주인이 불만 가득한 표정으로 바라봤다.

숙소에 돌아왔더니 애들이 이상한 벌레가 기어 다닌다고 했다. 벽을 보니 납작한 벌레가 한두 마리 눈에 띄었다. 빈대일 거라는 확신이 들었지만 애들이 걱정할까 봐 그냥 자기로 했다. 한 마리 잡았더니 피가 나왔다. 맞았다. 난생처음 보는 빈대였다.

아내와 애들하고 이런저런 얘기를 하다 자려고 불을 껐다. 10시 40분 기차니까 8시에 일어나 짐 정리하고 9시에 나가면 되겠구나 생각했다.

애들과 아내가 잠든 걸 확인하고 불을 켜니 베개에서 벌레가 서너 마리 도망갔다. 잽싸게 잡아 보니 죄다 피가 나왔다. 벽을 봤더니 빈대가 십여 마리나 붙어 있었다. 애들 침대와 우리 침대 곳곳을 살펴보며 보이는 대로 잡았다. 피가 나오는 게 있고 안 나오는 게 있었다. 다 잡았구나 생각하면 어느새 벽에 또 한두 마리가 보였다. 아무래도 지붕 서까래에서 떨어지는 것 같았다. 빈대를 잡느라 4시까지 잠을 못 잤다. 아내가 잠결에 뭐하는 거냐고 얼른 자자고 했다. 피곤하기도 하고 '그래 이제 웬만큼 잡았으니 너희가 물어봐야

얼마나 물겠니' 하고 잠이 들었다.

**11월 10일 비용**

| 188유로 | 숙박비 |
|---|---|
| 18유로 | 점심 |
| 38유로 | 저녁 |
| 60유로 | 선물 |

## 빈대에 30방 넘게 물려 긁느라 피까지 나

### 항의했더니 2유로 깎아줘 인사도 안 하고 나와

전날의 벌레는 빈대로 확인되었다. 특히 나는 팬티와 러닝 등 속옷만 입고
잤다가 엄청나게 물렸다. 손목, 손가락, 발가락, 목, 심지어 가슴, 배까지도
물린 자국 투성이였다. 아내와 아이들도 자세히 보니 꽤나 물렸다. 물린 곳
이 점차 가려워지기 시작했다. 주인한테 가 어떻게 이럴 수가 있냐며 항의했
더니 2유로를 깎아주었다. 자기들은 매일 청소며 소독을 하는데 관광객들이
옮겨온 것 같다고 했다. 정말 너무했다. 그래서 그 B&B 이름을 이 자리를 빌
려 또 한 번 밝힌다. 'B&B 로타'이다.

4시간 30분을 달려 로마 테르미니 역에 도착했다. 기차에서는 엄청 피곤
했는데 이동할 때는 쉽게 잠이 오지 않았다. 혹시 모두 다 잠들어 내릴 곳을
지나칠까 봐 가장으로서 걱정되었기 때문은 아닐까. 역에서 내려 전화하니

여행계획을 짜다 보면 숙소가 고민이다. 혼자 하는 여행이야 싼 곳을 골라 대충 불편을 감수하면서 다니면 되지만 가족여행은 그러기도 곤란하다. 호텔은 일단 깨끗하고 편하다. 하지만 호텔로 일관하자니 숙박비와 무엇보다 음식값이 장난이 아니다. 호스텔은 약간 저렴하다는 장점이 있다. 그러나 가족실일 경우 저가호텔과 비슷하고 겨울철 난방을 아끼는 경향이 있어 오히려 불편할 수 있다. 다만 부엌이 있으면 식사를 해결할 수 있어 많은 도움이 된다. 관광지말고 기차로 한두 정거장 떨어진 곳은 뜻밖에 싼 호스텔도 있으니 잘 찾으면 비용을 아끼는 데 많은 도움이 된다.

가족단위 민박은 역시 저가호텔과 가격이 비슷하면서 조금 불편하지만, 한식을 마음껏 먹을 수 있다는 것과 한국인들끼리 여행정보를 교환할 수 있다는 장점이 있다. 그러나 내 경우는 민박을 하니 해외여행 중에 느끼는 긴장감이 싹 없어져 여행 감흥이 줄어드는 부작용이 있었다. 결론은 한식이 정말 먹고 싶을 때는 민박, 한번쯤 푹 쉬고 싶을 때는 호텔, 비용을 줄이고 싶을 때는 호스텔 등으로 그때그때 맞춰 가는 것이 경험도 쌓고 비용도 줄이는 길이다.

민박집 주인이 바로 달려왔다. 로마에서부터는 먹는 것 때문에 스트레스 받지 말자는 뜻에서 민박을 하기로 했다.

주인한테 전날 빈대로 고생했다고 하니까 걱정하면서 도착하자마자 옷을 모두 벗어 달라고 했다. 세탁비도 안 받고 빨아준댔다. 빈대가 옮는 경우가 있단다. 우리는 세탁을 맡긴 뒤 모두 샤워를 하고 가까운 관광지 두 곳 정도를 돌아보기로 했다. 날이 어두워 가까운 산타마리아 교회 한 곳만을 둘러보고 숙소로 돌아왔다. 이 교회는 로마 내 많은 건물을 설계한 베르니니가 묻혀 있는 곳이다. 이 성당 하나만으로도 앞으로가 기대되었다.

산탄젤로 성

　민박을 하니 기대보다 좋았다. 비록 욕실과 화장실이 공용이었지만 말이 통하고 인터넷, 전화를 공짜로 쓸 수 있는 데다 무엇보다 우리 음식을 포식할 수 있어서였다. 저녁은 진수성찬이었다. 김치, 계란말이, 갈비찜, 시금치, 버섯 볶음밥을 배가 터지게 먹었다. 거의 네 접시를 먹은 것 같았다. 아내와 아이들도 먹고 또 먹었다. 이때 만큼은 유럽 첫날 관광을 시작하면서 받았던 기쁨에 버금갈 만큼 기뻤다. 주인 부부의 음식 솜씨가 좋았다. 이름도 '밥앤 잠'이었다.

　야간 투어를 했다. 이곳 관광 가이드들이 무료로 매일 야간 투어를 한댔다. 참가자들은 버스비만 챙겨 지정된 장소인 테르미니 역에 저녁 8시까지 가면 됐다. 그곳에 갔더니 한 20여 명이 몰려 있었다. 가족단위는 우리뿐이었다. 우리는 버스표를 산 뒤 오페라 〈토스카〉의 배경이 된 산탄젤로 성으로 갔다. 다리도 괜찮고 꽤 멋있는 성이었다. '여자 주인공이 저 성 꼭대기에서 투신했구나!' 생각하니 신기했다. 이어 판테온에 들렀다. 역시 야간인데도 사람들이 많았다. 투어를 마치고 우리는 커피를 마시고 애들에게는 로마의 자랑 젤라토 아이스크림을 사줬다. 엄청 좋아했다.

숙소에 돌아와 혹시나 하는 마음에 저가항공 사이트에 들러보니 1달 전 8만 원 하던 로마-바르셀로나 비행기가 20만 원으로 올라 있었다. 그곳 주인에게 물어봤더니 "저가항공도 임박해서는 고가항공이 되는 것도 몰랐냐"고 했다. 젠장! 할 수 없이 로마-바르셀로나를 배편으로 가기로 했다. 가격은 별로 비싸지 않았지만 무려 20시간이 걸린다고 했다.

우리가 떠나려는 날은 비수기에다 주말이 아니어서 그런지 아이들은 공짜인 특별가격제가 적용됐다. 나중에 밝히겠지만 인터넷 예약이 자꾸 다운돼 결국 회사까지 찾아가서 표를 끊느라 특별가격은 적용받지 못했다. 선박회사가 그때그때 프로모션을 위해 특별 가격제를 적용하는 것 같았다. 표가 잘 나가지 않는 비수기, 평일 특별 가격제를 예고했다가 표가 일정량 이상 나가면 일반 가격제로 전환하는 식이 아닌가 싶었다. 다음 날 출발일을 확정해 예약하기로 하고 잠을 청했다.

일정의 3분의 2를 넘겨 귀국할 날이 가까워져 오니 슬슬 걱정이 앞섰다. 흔쾌히 직장을 그만뒀고 갈 곳도 있지만 내심 불안이 밀려왔다. 호기롭게 살기에는 나이가 많고 안정을 찾기에는 아직 돈이 없었다.

하지만 남들이 못해보는 경험 아닌가. 인생 뭐 있나. 시인 천상병처럼 한 바탕 잘 놀고 가면 되는 것 아닌가. 스스로 위안을 하면서 잠이 들었다.

**11월 11일 비용**

| | |
|---|---|
| 4유로 | 야간 투어 버스비 |
| 7.2유로 | 젤라토 및 커피 |
| 25유로 | 점심 |
| 40유로 | 기차 예약 |

# 11월 로마는 한여름을 방불케 하는 날씨

## 누비고 걸으며 로마의 힘에 감탄 또 감탄

세계 최고의 관광지 로마를 걸어서 누비기로 했다. 민박집 주인이 로마는 의외로 작아서 도보 여행이 가능하다고 했다. 아침에 일어나 베드로를 묶은 쇠사슬과 미켈란젤로의 뿔 달린 모세상으로 유명한 산피에트로 인 빈콜리 성당에 들렀다. 쇠사슬보다는 모세상의 섬세하면서도 역동적인 모습이 마음에 들었다. 일설에는 미켈란젤로가 이 모세상을 만들어놓고 자신도 놀라 말을 걸었다고 한다. 시현이 말로 '뻥 치시네' 하고 속으로 생각했다.

다시 걸음을 재촉해 콜로세움에 들렀다. 비수기인데도 엄청난 사람들이 운집해 있었다. 입구가 가까워지자 관광 가이드들이 호객행위를 했다. 여러 사람이 굳이 안에 들어갈 필요가 없다고 해 겉에서 한 바퀴 빙 돌면서 내부를 살펴봤다. 또 한 번 밝히지만 입장료가 아까워 겉에서만 구경하는 것은 참으로 바보 같은 짓이다.

콜로세움 인근의 대전차 경기장은 그냥 벌판이었다. 그렇게 넓지도 않았다. 이런 곳에서 어떻게 영화〈벤허〉에서 본 것처럼 웅대한 스케일의 대전차 경기가 가능했는지 모를 정도였다. 우리가 갔을 때는 한 군부대가 야전훈련을 하고 있었다. 헬기도 있었다. 관광지에서 뭐하는 짓인지. 아무튼 작은애가 소변이 마려워서 그런다며 이동식 화장실을 쓸 수 있겠냐고 물었더니 여군이 환하게 웃으며 허락했다.

콜로세움 내부

언덕으로 올라가면서 포로 로마노를 구경했다. 도록을 통해 남아 있는 유적이 과거 어떤 건물인지를 하나하나 비교해봤다. 이곳은 지금으로 따지면 행정, 사법, 입법부가 모두 모여 로마를 움직였던 두뇌에 해당되는 곳이다.

약간 더운 날씨였지만 계속 걷기로 하고 미켈란젤로가 설계한 캄피돌리오 광장을 거쳐 웅장한 막시밀리아노 기념탑을 지났다. 캄피돌리오 광장에는 고등학교 세계사 교과서에 실린 로마를 건국한

콘스탄티누스 개선문   파리의 개선문은 이 개선문을 본뜬 것이다.

로물루스와 레무스 쌍둥이 형제가 늑대 젖을 빠는 조각이 있다. 구석을 돌아 모퉁이에 숨겨져 있어 잘 살펴야 한다.

작은애가 힘들다고 할 법도 한데 제법 의젓하게 따라다녔다. 기특했다. 트레비 분수와 스페인 광장에 들렀더니 어려서 봤던 오드리 헵번, 그레고리 펙 주연의 영화 〈로마의 휴일〉이 생각났다. 공주로 분장한 헵번이 아이스크림을 너무나도 맛있게 먹던 모습이 떠올라 아이들에게 젤라토를 또 사줬다. 물론 아내와 나도 더운 날씨를 이기기 위해 큰 걸로 사 먹었다. 〈로마의 휴일〉에서 가장 유명한 명소인 '진실의 입'을 구경했다.

한 친구가 줄 서서 기다리는 관광객의 사진을 찍어주면서 50센트씩 받았다. 참 기발한 장사였다. 아마 교회의 재원으로 쓰일 듯싶었다. 이 교회는 규모는 작지만 로마에서 가장 오래된 교회랬다.

**채은이의 일기**

트레비 분수는 다시 한 번 로마에 오고 싶은 소망을 간직하는 사람들이 들른다는 곳이다. 난 로마에 다시 오고 싶은 생각은 별로 없었지만 하도 유명하다기에 와보았다. 거기서 동전을 던지면서 소원도 빌었다. 트레비 분수는 참 예쁜 분수였다. 분수 뒤엔 포세이돈 조각상도 있었고, 포세이돈 조각상 앞에는 난폭한 해마와 온순한 해마가 있다. 이는 바다는 때로는 사납고 때로는 온순하다는 뜻이란다.

'진실의 입'은 오늘 본 것 중 가장 재미있었다. '진실의 입'에는 해신 트리톤의 얼굴이 그려져 있는데 2,400년 전에 만들어진 로마시대의 하수구 뚜껑이라고 한다. 입에 손을 넣고 거짓말을 하면 입을 다물어 손을 잘라버린다는 전설이 있다. 나도 넣어보았다. 하지만 손이 잘리기는커녕 콧구멍과 눈을 쑤셔도 내 손 껍질 하나 벗기지 못했다. 정말 웃겼다.

지친 몸을 이끌고 돌아오는 길에 참새처럼 생긴 새 떼가 하늘을 뒤덮는 장관을 봤다. 나중에 알고 보니 이 새는 참새의 친척쯤 되는 찌르레기로 로마의 명물 중 하나란다. 태어나서 그렇게 많은 새는 처음이었다. 민박집으로 돌아오니 삼계탕이 기다리고 있었다. 큰애의 입이 쫙 벌어졌다. 정말 맛있게 삼계탕을 비운 뒤 숙소에서 가까운 아이스크림 가게에서 반액 할인행사를 한다고 해 다들 달려가 젤라토를 양껏 먹었다. 아내와 난 돌아오는 길에 슈퍼에 들러 포도주를 한 병 사서 나눠 마셨다.

**시현이의 일기**

지겨운 기차 여행을 끝내고 로마에서 민박을 했다. 집 이름이 '밥앤잠'이어서 우스웠다. 야간 투어를 했는데 가이드 언니가 친절하고 재미있게 설명을 해주셨다.

콜로세움부터 들렀다. 콜로세움은 죄인들을 무장시켜 서로 싸워 죽게 하고 맹수들과도 싸우게 했던 곳이다. 정말 징그럽게 죽이는 곳이다. 바깥은 으리으리한데 안은 피투성이였을 것이다. 하지만 콜로세움 반이 없어진 게 정말 아쉬웠다. 그다음 베네치아 광장에 갔다. 옛날 베네치아는 굉장히 잘사는 나라여서 로마에 광장을 세웠다고 한다. 양쪽에 베네치아를 상징하는 날개 달린 사자상이 있다. 아무튼 별로 볼 게 없어서 스치듯 지나가고 트레비 분수로 갔다. 트레비 분수에 동전을 던졌다. 아, 근데 소원을 빌고 동전을 던졌어야 하는데 그만 동전을 던지고 소원을 빌고 말았다. 아무래도 내 소원은 안 이루어질 것 같다.

마지막으로 '진실의 입'으로 갔다. 거짓말을 많이 한 사람은 입에 손을 넣으면 손이 잘린다고 그랬다. 나는 안 믿었다. 손을 넣어보았다. 안 잘렸다. 나는 평소 거짓말을 잘하는데! 원래 '진실의 입'은 하수구 뚜껑이었다. 그래서 내가 안 믿었던 것이다. 민박집으로 돌아왔다. 오늘은 참 힘든 날이었다.

## 11월 12일 비용

| | |
|---|---|
| 330유로 | 로마 숙박비 |
| 16유로 | 포도주 |
| 8유로 | 젤라토 |
| 12유로 | 간식 |

# 바티칸은 꼭 여행가이드의 안내를 받아야
## 바티칸 성 베드로 대성당의 화려함에 압도당해

　바티칸 여행 날이었다. 바티칸만큼은 가이드 투어를 하고 싶어 국내에 있는 처제에게 전화해 입금을 부탁했다. 정원 문제도 있고 현지에서 돈을 내면 비싸다고 해서였다.

　아침에 지정된 지하철역에서 일행과 합류해 바티칸으로 갔다. 줄 서는 중간에 아내가 샌드위치를 사러 갔는데 줄이 예상 밖으로 빨리 줄어들어 아내를 따로 기다렸다가 함께 들어갔다. 가이드에게 독자 행동을 하지 말라고 주의를 받았다.

　미켈란젤로의 시스티나 성당 천장화와 〈최후의 심판〉 벽화는 정말 멋있었다. 가이드의 말에 따르면 미켈란젤로는 4년에 걸쳐 천장화를 그리면서 목이 뒤틀리고 척추가 내려앉고, 얼굴은 촛농으로 만신창이가 되어 이루 말할 수 없는 고통을 겪었단다. 그게 다 미켈란젤로의 완벽주의 때문이었단다. 도제들이 그린 그림이 맘에 들지 않아 다 쫓아버리고 혼자서 작업하느라 그렇게 됐다는 것이다. 완벽주의자들의 무서운 집념은 후대에 평가받게 돼 있다. 당대에는 '더디다. 고집불통이다. 남을 배려할 줄 모른다'는 등의 비난을 사지만 말이다. 더구나 이 걸작이 그를 곤경에 빠뜨리기 위한 계략의 결과라는 것은 아이러니다. 일설에 의하면 그를 시기한 브라만테라는 자가 그의 건

### 채은이의 일기

　오늘은 2개국을 다녀왔다. 기차로 이동하는 데 시간 다 허비할 텐데 어떻게 갔다 왔느냐고? 그거야 간단하다. 이탈리아 안에 있는 또 다른 나라, 바티칸에 갔다 왔으니까.

　오늘은 가이드랑 같이 투어를 했다. 오늘 간 곳은 바티칸의 시스티나 성당과 성 베드로 대성당, 산피에트로 광장이다. 시스티나 성당에는 미켈란젤로 최고의 걸작 〈천지창조〉와 〈최후의 심판〉이 있었다. 넓이가 800제곱미터나 되는 이 그림은 정말 어마어마하게 컸다. 〈나폴레옹의 대관식〉은 이 그림에 비하면 게임도 안 된다. 〈천지창조〉는 천장에, 〈최후의 심판〉은 벽에 그려져 있었다. 미켈란젤로는 4년 6개월 동안 〈천지창조〉를 그렸는데, 작품 완성 후 목디스크에 걸리고 한쪽 팔이 뒤로 돌아가는 등 몸이 만신창이가 되었다고 한다. 사람이 4년 6개월 동안 하루 15~20시간 천장을 보면서 그림을 그리면 어찌 만신창이가 안 될까 생각이 들었다. 정말 무서운 집념이다.

　두 번째 그림은 〈최후의 심판〉이다. 그런데 처음에 이 그림은 비난을 많이 받았다고 했다. 왜냐하면 모든 사람들이 벌거벗었기 때문이었다. 예수, 심지어 성모 마리아까지. 또 다른 이유는 흑인은 천국으로 가고 백인은 지옥으로 떨어지는 내용이 있기 때문이다. 이 시기에 흑인은 동물 취급을 받았다고 한다. 특히 의전담당관 비아조 다체세나의 비난이 가장 심했는데, 미켈란젤로는 그를 당나귀 귀에 뱀에 몸이 친친 감긴 채로 지옥에 넣어버렸다. 정말 그다운 복수다.

　미켈란젤로가 24살 때 만들었다는 〈피에타〉 조각상은 참 정교하고 멋있었다. 죽은 예수를 성모 마리아가 안고 있는 조각이었는데 마리아가 정말 젊고 아름다웠다. 한때 정신 이상자가 조각을 망치로 부순 적이 있어서 지금은 방탄유리로 막혀 아쉬웠다. 성 베드로 대성당은 내 생각에 〈피에타〉 외에 별로 볼 것이 없었다.

**아테네 학당 앞에서**

강과 명성을 해치기 위해 프레스코화는 회벽을 먼저 입힌 뒤 그림을 그리는 것으로 상당히 고난이도 작업이었다. 천장화는 더더욱 힘든 작업이어서 기한 내 완성이 불가능하다고 평가됐다 그를 교황에게 적임자로 적극 추천했다고 한다. 하지만 미켈란젤로는 회화가 전문이 아님에도 멋지게 이 일을 끝마쳤다. 귀국해서 미켈란젤로에 대한 여러 권의 책을 빌렸는데 국내에 있는 책에서는 그런 내용을 찾을 수 없었다. 아마 가이드가 현지에서 따로 공부한 듯하다.

종교의 힘이 느껴졌다. 조각 하나 그림 하나 허투루 한 것이 없었다. 성 베드로 대성당의 웅장함은 압권이었다. 노트르담 성당에서 느낀 감흥은 성 베드로 대성당에 비하면 아무것도 아니었다. 정말 신을 믿고 신께 바친다는 생각이 바탕에 깔려 있지 않으면 도저히 이뤄낼 수 없는 헌신이라고 생각했다.

46유로를 가이드비로 쓰고 입장료로 32유로를 썼지만 조금도 아깝지 않았다. 다만 현대회화를 건너 뛰고 바로 시스티나 성당으로 간 것은 조금 후회되었다. 오전에 시스티나 천장화와 벽화에 대한 설명이 너무 길었다고 본다. 설명을 조금 줄이고 유명작가가 상당히 많았던 현대회화를 구경하는 것이 차라리 더 좋았을 것이다. 가이드는 아마 관심이 덜한 현대회화를 빼고 누구나 보고 싶어하는 천장화를 오래 보도록 배려했을 것이다.

시스티나 성당에서의 사진촬영은 엄격하게 금지되어 있었다. 계단에 앉아 있는 것도 관리인이 와서 제지했다. 한 5분을 보니 목이 아팠다. 다행히 조금 있으니 벽 쪽 긴 의자에 자리가 났다. 모두 그곳에 앉아 자세히 살폈다. 망원경을 서로 달라고 했다. 망원경으로 한 참을 봤다.

앞서 점심시간에 준비해 간 샌드위치로 요기하고 기념품점에 가서 천장화와 벽화 포스터를 샀다. 아내는 1,000조각 퍼즐도 샀다. 천장화 중 가장 유명한 아담의 창조 부분이었다.

바티칸의 〈라오콘〉 직접 보니 더 멋있었다.

성 베드로 대성당에 들어서니 때맞춰 카메라 전원이 나갔다. 그래서 그곳에서는 사진을 거의 못 찍었다. 아니 그래서 더 조각에 집중할 수 있었다. 베르니니의 거대한 청동 좌대 그 아래 베드로가 묻혀 있다 와 미켈란젤로의 대표작 〈피에타〉는 정말 화려했다. 다만 〈피에타〉는 두 번 다시 정신병자로부터 피해를 입지 않기 위해 방탄벽 뒤로 모습을 감추는 바람에 반사되는 불빛으로 인해 제대로 감상할 수 없었다. 아쉬웠던 대목이다.

하지만 이번에도 친절한 가이드가 도록을 꺼내 피에타상의 다양한 모습을 사진으로 보여줬다. 특히 마리아의 품에 안긴 예수의 평온한 얼굴 천장을 바라보고 있기 때문에 관람객이 볼 수가 없다 등은 새롭게 다가왔다. 20대 초반에 이 유명한 작품을 만든 미켈란젤로는 스스로가 얼마나 자랑스러웠으면 자신의 이름을 마리아의 가슴 띠에 새겨놓았을까.

성 베드로 광장에 나와 또 한 번 웅장함에 압도되었다. 빙 둘러보니 성당 천장의 12사도 조각과 그 위로 성당 천장 돔이 보였다. 이 돔도 미켈란젤로가 설계한 것이다. 돌이켜 생각해보니 로마는 미켈란젤로와 베르니니라는 두 천재의 발자취인 셈이다.

〈라오콘〉과 카라바조의 그림도 정말 좋았다. 기원전 150~기원전 50년 그리스 시대에 그렇게 사실적인 조각을 만들었다니 그저 신기할 뿐이었다. 미켈란젤로도 이 조각을 보고 "예술의 기적"이라고 표현했으며, 그의 후기 작품에 상당한 영향을 받았다고 전해진다.

카라바조는 시신을 그릴 때는 정말로 시체를 가져다 놓고 그렸을 만큼 사실에 충실했다고 한다. 하지만 그는 운동을 하다 말다툼 끝에 상대를 죽이고 이후 도피생활을 하다 젊은 나이에 열병으로 객사하고 말았다. 그와 동시대를 살았던 화가들의 작품과 그의 그림을 비교해보면 그가 얼마나 선구적이었는지 확연히 드러난다.

### 11월 13일 비용

| | |
|---|---|
| 78유로 | 바티칸 가이드비 및 입장료 |
| 80유로 | 시스티나 천장화 포스터와 직소퍼즐 |
| 24유로 | 점심 |

## 피렌체 가는 완행기차 놓쳐 예약비 내고 고속철 타
**우피치 미술관은 어른과 아이 같은 입장료를 받아 놀라**

예약비가 필요 없는 완행기차를 타려고 했는데 3분이 늦어 기차를 놓치고 말았다. 큰애 파카의 단추를 채워주느라 잠시 지체했는데 딱 그만큼 늦은 것이었다. 할 수 없이 1인당 10유로의 예약비를 내고 고속철을 탔다. 완행은 3

시간 가까이 걸리지만 고속철은 2시간이면 됐다. 1시간 절약했다고 좋게 생각하기로 하고 피렌체 시내 구경에 나섰다. 두오모 가는 길에 있는 시장에 가죽제품이 많았다. 이곳은 가죽제품으로 유명하다는데, 뭐 딱 꼬집어 사고 싶은 물건은 눈에 띄지 않았다. 아내는 남자용 지갑을 하나 사라고 했지만 필요 없어 사지 않았다.

**피렌체 우피치 미술관 입구** 왼쪽에는 다비드, 오른쪽에는 헤라클레스 동상이 서 있다.

피렌체 성당은 참 독특했다. 질 좋은 대리석이 많아 나와서 그런지, 아니면 메디치 가문의 돈이 예술로 승화되어서 그런지 독특한 양식이었다.

우피치 미술관은 입장료가 10유로였다. 더구나 어른이나 아이나 같은 금액을 받다니 놀라웠다. 자꾸 어린이에 대한 배려가 많은 다른 서유럽 국가들이 떠올랐다. 도서관이나 미술관은 투자다. 국민에 대한 투자다. 그래서 선진국들은 무료로 운영하는 것이다. 다빈치와 라파엘로, 카라바조의 그림들이 있어 위안을 삼았다.

조각은 이제 눈에 들어오지도 않았다. 그만큼 질리게 봐온 까닭이었다. 한국에서였더라면 연신 탄성을 내질렀을 텐데 우피치 미술관에서는 '그냥 그런가 보다'였다.

이곳 미술관 정문에는 3미터는 됨직한 다비드상과 헤라클레스상이 좌우에 포진해 있다. 미켈란젤로가 만든 다비드상은 원래 이곳에 있다가 아카데

**피렌체의 베키오 다리** 영화 〈향수〉에 나왔던 다리랑 비슷하다.

미아 미술관으로 옮기고, 지금의 다비드상은 모조품이다. 민박집에서 만난 한 여행자가 아카데미아 미술관은 다비드상 외에는 별로 볼 것도 없는데 입장료가 16유로나 한다고 해서 굳이 그곳까지 찾아가지는 않기로 했다. 이 역시 나중에 후회했다.

유명한 작품을 꼼꼼히 구경한 뒤 싸 온 샌드위치로 점심을 때우고 아르노 강에 있는 베키오 다리를 구경했다. 다리 위에는 보석상들이 즐비했다. 영화 〈향수〉에서 욕심 많은 향수제조사 더스틴 호프만이 제조비법을 손에 쥐고 좋아하다 다리가 무너져 죽는데, 영화에 나온 다리와 비슷했다. 강에는 카누를 즐기는 사람이 많았다. 다리 위에는 미켈란젤로의 제자 벤베누토 첼리니의 흉상과 함께 주위에 사랑을 맹세한 연인들이 채워놓은 자물쇠가 빼곡히 차 있었다. 애인의 배신을 두려워하는 이런 의식은 동서양이 마찬가지인가 보았다.

오후에는 이곳에서 한 시간 거리에 있는 피사로 갔다. 사실 피사에 들러야겠다는 생각에 아카데미아 미술관이나 미켈란젤로 무덤 등은 암묵적으로 가지 않기로 했다.

우피치 미술관에는 아주 징그러운 그림이 2개 있었다. 하나는 여자가 남자의 목을 자르고 있어서 피가 막 튀는 장면이고, 또 하나는 고통스러워하는 메두사의 잘린 머리가 새겨진 방패 그림이다. 우리는 돌처럼 가만히 있다가 메두사의 목에서 나오는 피를 보고 돌아섰다.

그다음 산조반니 세례당에 있는 천국의 문을 봤다. 신화가 실감 나게 황금으로 새겨져 있었다. 옛날 사람들은 어떻게 저렇게 조각을 잘 했을까 궁금했다.

마지막으로 피사의 사탑을 봤다. 진짜 기울어져 있을까 궁금했는데 버스에서 내리자마자 기울어진 사탑이 한눈에 들어왔다. 신기했다. 책에서는 계속 기울어지는 것을 공사를 해서 안 기울어진다고 쓰여 있었다.

아이가 피사의 사탑에서 우스운 자세를 취하고 있다.

숙소에서 짐을 찾아 3시간 기차를 타고 나폴리로 왔다. 아, 침대를 보니 가슴이 막 콩닥거린다. 잘 생각을 하니 벌써 기분이 좋다.

기차를 탄 뒤 1유로짜리 버스를 타고 피사에서 내렸다. 내리자마자 비스듬히 기운 피사의 사탑이 눈에 들어왔다. 이미 해는 져서 어두워졌지만 조명이 밝아 감상하는 데 무리가 없었다. 사람들도 많았다. 입구에는 에펠 탑 주위처럼 사탑 모형과 갖가지 장난감을 들고 호객하는 무리가 즐비했다.

사탑을 한 바퀴 둘러본 뒤 나오는 길에 모형을 한 개 샀다. 시간이 없어 제대로 감상하지도 못했지만 아내와 아이들이 모두 만족해했다. 사람들이 피사의 사탑은 가자니 볼 게 없고 안 보자니 아쉽다고 했지만 꼭 그렇지만은 않은 것 같다.

## 11월 14일 비용

| | |
|---|---|
| 80유로 | 기차 예약비 |
| 40유로 | 미술관 입장료 |
| 4유로 | 버스비 |
| 12유로 | 기념품 |

# 3대 미항이라는 나폴리의 지저분함에 놀라

### 두 번째 들른 커피집 주인 커피값 깎아줘

피사의 사탑은 갈릴레오가 그 유명한 낙하실험을 한 것만으로도 충분히 볼만한 가치가 있다고 생각한다. 더구나 애들이 있으면 설명도 해주고 구경도 하고 괜찮은 것 같다.

로마로 돌아갈 때는 12시가 넘을 것 같아 예약비를 내고 빠른 기차를 타고 갔다. 가만히 생각해보니 이날 하루만 예약비와 입장료로 120유로를 썼다. 이것저것 사 먹는 것까지 포함하면 하루 30만 원가량을 쓴 셈이었다. 하지만 하루를 알차게 보냈다는 생각에 돈 걱정을 멀리 날려 보냈다.

가는 길에 휴대전화로 민박집에 간단한 저녁을 부탁했다. 민박집 주인이 12시가 다 되어 저녁을 차려주는 것은 처음이랬다. 그래도 풍성하게 차려주었다. 저녁을 먹고 미안한 아내가 대신 설거지를 마쳤다.

다음 날 아내가 판테온 내부를 둘러보고 싶다고 해, 애초 계획과 달리 버스를 타고 판테온으로 향했다. 내부로 들어가니 천장 한가운데가 뚫린 돔이

예술처럼 얹혀 있었다. 그 옛날 수백 톤이
나 하는 천장을 저렇게 돔으로 올렸다는
사실에 기가 막힐 뿐이었다. 중력의 힘을
오히려 아치식 건설방식에 응용한 로마의
건축기술이 놀라웠다.

판테온 내부

야간 투어 때 들렀던 일리 illy 커피집을
다시 찾아 맛이 좋아 또 왔다고 했더니 우
리를 기억한댔다. 아이들이 있어서인가
보았다. 주인이 1.6유로짜리 커피를 스페
셜 프라이스라면서 1유로에 주었다. 시키
지도 않은 크림과 물도 내주었다. 주인이 영어를 잘한다고 했더니 아내가 호
주 사람이라고 했다. 커피를 맛있게 먹고 아이들에게는 젤라토를 사줬다.

작별인사를 하고 민박집에 들러 짐을 찾은 뒤 나폴리행 기차에 올랐다. 기
차로 3시간을 달려 나폴리에 도착해 민박집에 전화하니 재중동포가 마중 나
왔다. 예약할 때는 할아버지가 전화를 받으셨다고 하니까 주인 내외가 일이
있어 중국에 들어갔다고 했다. 그분들 역시 재중동포였다.

피곤이 몰려와 기차에서 내내 졸았다. 숙소에 오자마자 선편 예약이 어떻
게 되었는지 궁금해 지도를 들고 항만회사를 찾아 나섰지만 찾지 못했다. 항
구 여행사 사무소에서 전화번호와 위치를 알려줬는데 날이 어두워진 데다
사람들도 정확한 위치를 알지 못해 1시간가량 헤매다 숙소로 돌아왔다.

숙소로 돌아가는데 주위 풍경이 너무 지저분했다. 어떻게 이곳을 3대 미
항이라고 하는지 도저히 이해가 가지 않았다. 거리는 쓰레기 천지고 노숙자

인 듯한 사람들도 자주 눈에 띄었다. 구정물도 군데군데 고여 있고 개똥도 천지였다. 악취도 심했다.

민박집에 돌아와 만일에 대비해 프랑크푸르트행 기차를 알아봤다. 귀국 비행기가 마드리드를 출발해 프랑크프루트를 경유해 인천으로 가므로 프랑크푸르트에서 직접 타도 될 것 같았기 때문이었다. 그러면 스페인 일정을 취소하고 프랑크푸르트와 네덜란드의 암스테르담을 관광할 계획이었다.

나폴리의 민박집 식사는 조금 실망스러웠다. 반찬도 몇 개 안 되는 데다 애들이 좋아하는 고기반찬도 별로 없었다. 다만 동포 아주머니가 친절하게 대해줘 그 점은 고마웠다. 이 동포 아주머니에게 해운사에 전화하면 자동 응답만 돌아와 이것 좀 해석해달랬더니 자기는 이곳에서 오래 살았지만 이탈리아어를 할 줄 모른댔다. 딸애가 잘하는데 지금 밀라노에 유학중이라고 했다.

저녁을 먹고 피곤한 아내가 일찍 잠자리에 들었다. 애들이 오랜만에 컴퓨터로 게임을 하겠다고 해 늦게까지 놀도록 허락했다. 비행기표를 예약했던 여행사 담당자에게 이메일을 띄우고 해운사에도 이메일을 보냈다. 이게 안 되면 저렇게 하지 뭐, 이런 마음을 먹고 편하게 잠을 자기로 했다.

**11월 15일 비용**

| 26유로 | 점심 |
|--------|------|
| 240유로 | 숙박비 |

# 포지타노의 청정 바다에서 위안을 찾다

## 소렌토와 제주 올레길을 비교하며 감탄

6시에 일어나 6시 30분에 아침을 먹고 허겁지겁 사유 철도를 타러 갔다. 이날은 남쪽 해안을 둘러보는 날이었다. 역무원이 1인당 3.3유로고 작은애는 무료랬다. 돈을 냈더니 2명 것만 끊어주었다. 우리는 의아해하면서 그냥 개찰구를 통과했다. 소렌토에 도착해 5존티켓 소렌토~포지타노 구간 버스 을 6유로에 끊고 시타버스 해당구간을 운행하는 버스 를 탔다. 이 버스를 탈 때는 꼭 오른쪽으로 앉으라고 해 우리 가족은 모두 오른쪽에 자리 잡았다. 멋진 해안가 절경을 감상하려면 오른쪽이 훨씬 전망이 좋기 때문이다. 절벽 위를 지날 때는 아찔할 때도 있었다. 40분 정도 달려 정상 부근에서 내렸다. 정상에서 바라

포지타노 풍경

**아말피의 한 토산물가게**  싸고 예쁜 장식
이 많았지만 운송 중 깨질 것 같아 못 샀다.

본 포지타노는 멋있었다. 푸른 바다를 배경으로 하얀 집들이 성벽처럼 자리 잡은 게 꼭 동화책에 나오는 그림을 보는 것 같았다. 해안가 절벽 도로를 타고 가는 길이 일품이었다. 제주도 올레길을 걸었을 때, 서귀포에서 알뜨르 비행장 가는 길에 절벽 해안가를 보고 감탄했었는데 포지타노의 길도 훌륭했다.

가는 길에 커피점에 들러 커피를 사 먹었다. 미국에서 온 노인들이 들어와 크루아상과 커피로 아침을 먹었다. 우리도 맛있게 보이는 초콜릿 과자를 2.5유로어치 산 뒤 1.5유로짜리 커피를 시켜 먹었다. 초콜릿 과자는 환상적이었다. 시키지도 않았는데 크림과 탄산수를 내주었다. 역시 시골이라 인심이 남다른 것 같았다. 사람들도 친절했다.

바닷가로 내려가 바다를 감상했다. 아이들은 파도 피하기 놀이를 했다. 날씨가 따뜻하다 보니 수영하는 사람까지 있었다.

일요일이라 버스가 자주 안 다녀 1시간을 기다린 끝에 버스를 타고 아말피로 향했다. 한 40분쯤 가다 에메랄도에서 내려 동굴을 관람했다. 5유로를 받는데 정말 조그만 동굴 속 연못이었다. 바닥을 통해 외부로 연결되다 보니 빛이 들어와 초록빛으로 물이 빛났다. 참 별걸 다 관광상품으로 만든다는 생각이 들었다. 설명을 듣고 나오는데 미국에서 온 노인 부부가 팁을 줬다. 우리는 그냥 나오는데 뒤통수가 따가웠다. 이탈리아는 특히 서비스를 제공하면 대놓고 팁을 바란다.

동굴에서 나오다 조그마한 부두를 자세히 보니 물고기가 제법 많았다. 아이들과 함께 과자를 부숴 던져줬더니 꽤 많은 물고기가 몰려들었다. 해파리며 이것저것 물고기를 재미있게 구경했다. 그러는 와중에 스쿠버를 하는 사람들이 예수상을 동굴호수로 날랐다. 원체 보여줄 게 없다보니 석상이라도 갖다놓는 것이었다.

다시 버스를 타고 아말피로 갔다. 가자마자 점심을 먹으러 가는데 에메랄도 앞

아말피 집과 집 사이를 간이다리로 연결해놓은 것이 특이했다

상점에서 산 레몬술을 절반 가격에 팔고 있었다. 바가지를 썼다는 생각에 기

### 아내의 감성 포인트

포지타노의 집들은 정말 동화 속에 나오는 것 같다. 흰색 회칠을 한 벽이 햇살을 온몸으로 받으며 고즈넉이 자리 잡고 있는 모습에서 평온과 행복이 묻어난다. 누구 하나 서두르는 사람들이 없다. 관광객들도 비교적 나이 든 분들이 많다. 다른 곳과 달리 사람들도 친절하고 음식도 맛있다. 조그마한 호텔들에서도 정성과 정갈함이 느껴진다. 아침 햇살을 받으며 에스프레소를 한 잔 마시고 포지타노의 그 오밀조밀한 골목길을 걸으면서 바다를 내려다보면 배낭여행의 기쁨이 새록새록 묻어날 것만 같다.

그 시골에서 맛본 초콜릿 과자는 어쩜 그렇게 맛있을까. 남편과 아이들이 좋아해서 한 접시 더 주문해 먹고 말았다. 다음에 이탈리아를 여행할 기회가 있다면 꼭 이곳에 다시 들러 고즈넉한 여유를 즐기고 싶다. 아이들과 시간을 낭비하는 여유를 이런 곳에서 꼭 한번 누리고 싶다.

큰애는 한국 관련 사실이 보이면 그냥 지나치지 못했다. 아마 한국이 약소국이라는 것만 알고 있는 듯했다.

분이 나빠졌다.

점심을 먹기로 하고 카페에 들렀다. 스파게티가 8유로, 피자가 6유로였다. 저렴한 가격이었다. 나중에 계산하는데 6유로가 추가되어 있었다. 확인해 보니 자릿세라고 했다. 솔직히 말해 이곳 경치는 포지타노보다 못했다. 구태여 이곳까지 올 필요는 없는 것 같다.

배를 타고 소렌토까지 가는 방법이 있어 물어보니 겨울에는 운행을 하지 않

**채은이의 일기**

나폴리 소나무 민박집으로 왔다. 6시 40분에 일어나 기차를 타고 소렌토로 왔다. 웃기다. 소렌토는 우리나라 차 이름인데! 그리고 거기서 포지타노로 가는 버스를 탔다. 높은 절벽 위를 달리는데 절벽 아래로 푸른 나무들과 꽃, 에메랄드 빛 바다가 보였다.

바다에서 놀고 싶었는데 11월이라 추울 거라고 생각했다. 하지만 내 생각은 완전히 빗나갔다. 포지타노는 11월에도 해수욕을 즐길 수 있고 민소매로 돌아다닐 수 있는 곳이기 때문이다. 나와 시현이는 바다에서 파도 피하기 놀이를 하며 놀았다.

그런데 커다란 황색 개가 자꾸 우릴 향해 짖으면서 겁을 줬다. 나중에 그 개가 오리를 잡으러 바다로 뛰어들어서 깊은 곳까지 헤엄쳐 갔다. 그래서 나는 그 개가 조스에 물리거나 힘 빠져 다시 나오지 못하게 해달라고 빌었다. 그러나 그 개는 무사히 나와 주인이랑 함께 집으로 돌아갔다. 아마 우리 소원이 못된 것이어서 들어주지 않았나 보다. 나중에 다시 버스를 타고 다른 해안으로 놀러 갔다.

오늘은 유적지에 가지 않고 경치 좋은 바다에서 놀기만 했다. 그래서 지겹지도 않고 기억도 오래 갈 것 같다. 가장 인상적인 것은 내가 11월에 민소매를 입고 바다에서 놀았다는 것이다.

는다고 했다. 만약 다음에 또 오면 포지타노에 숙소를 정하고 한 2박쯤 물놀이를 하면서 남부 관광을 하는 것도 괜찮을 것 같았다. 민박집 주인은 시칠리아 관광을 추천했으나 너무 멀어 포기했다. 8시에 돌아와 장을 보고 8시 30분에 숙소로 돌아왔다. 거리는 여전히 지저분했고, 술 취한 사람들이 소리를 지르며 노는 것도 보였다.

숙소로 돌아오는 길에 큰애가 '세세'가 무슨 말이냐고 물었다. 중국어로 '감사합니다'라고 하니까 고개를 끄덕였다. 상점에서 '곰방와' 일본어 인사 하고 뭘 사면 '세세' 하니 기분이 나쁜 것 같았다. 아직 한국인이 이곳을 많이 찾지 않아서 그렇다고 알려줬다.

### 11월 16일 비용

| | |
|---|---|
| 28유로 | 기차 및 버스 |
| 5.5유로 | 간식 |
| 20유로 | 에메랄드 관광 |
| 36유로 | 점심 |

## 배편 예약을 위해 또다시 아내와 헤어져
### 하소연했더니 스페셜 가격에 가깝게 깎아줘

배편 예약을 확인하기 위해 또다시 이별의 아픔을 나누기로 했다. 아침에 일어나 이메일을 확인했더니 반드시 마드리드에서 타야 한댔다. 만약 나타

**포지타노의 성당**

나지 않으면 노쇼 no show 가 되어 항공권 자체가 무효가 된다고 했다.

내가 먼저 8시 반쯤 해운회사인 그리말디 본사가 있는 곳으로 가고 아내와 애들은 곧장 폼페이로 가기로 했다. 그리고 오후 1시 폼페이 내 '베티의 집' 소유주가 밝혀진 집 중 하나 에서 만나기로 했다. 지도를 들고 주소를 표시한 수첩을 들고 묻고 또 물으면서 찾아갔다. 한참을 찾는데 어떤 젊은이가 도와주겠다며 지도와 주소를 친구들과 나눠 보더니 바로 큰길 건너 왼쪽으로 꺾어지면 있댔다. 고마웠다. 퉁명스러운 사람들도 많았지만 바로 저런 친구들 때문에 짜증이 한방에 사라진다.

가는 길에 어떤 신사가 길을 건너다 개똥인지를 밟고 곤혹스러워했다. 빌딩들이 제법 몰려 있고 나폴리 대학이 있어 그나마 나은 곳인데도 깨끗하다고는 못하겠다. 시청이 유명한 관광지를 왜 이렇게 내버려두는지 모르겠다. 청소 인력만 두 배로 늘리면 금방 깨끗해질 테고 그러면 더 많은 관광객이 찾아올 텐데 말이다. 마피아와의 갈등 때문이라는 말이 있다.

어렵사리 회사를 찾았다. 제법 큰 회산데 본사가 이렇게 뒷골목에 있다니 신기했다. 이렇게 외진 곳에 있는 회사를 혼자 찾으려고 했다니 우스웠다. 1층에 들어가 예약 확인하러 왔다고 하니까 30분 뒤에 오랬다. 9시 반인데 업무시간이 10시부터인가? 바로 앞 커피점에 들어가 라테를 시키니 우유가 한 잔 나왔다. 아차 싶어 우유가 섞인 커피인 줄 알았다고 하니까 주인이 웃으면서 바꿔주겠다고 했다. 하지만 주인과 달리 종업원은 기분 나쁜 표정이 역

력한 가운데 우유를 가져갔다.

　30분을 때운 뒤 10시에 다시 회사로 들어갔다. 원래 만나기로 했던 직원이 바빠 옆자리 인상 좋은 신사한테 갔다. 이틀 전 예약을 했는데 결재하는 순간 자꾸 다운이 되어 확인하러 왔다고 했더니 예약이 안 되었다고 했다. 결재를 해야 예약이 된댔다. 그래서 그날 배표가 필요하다고 했더니 있다고 했다. 대신 가격이 정상가라서 애초 스페셜 프라이스의 두 배에 육박했다. 사정을 설명하고 스페셜 프라이스를 적용해달라고 했더니 애들은 무료로 해주지만 어른들은 80유로랬다. 유레일패스를 제시해 71유로로 할인받았지만 애초보다 31유로를 더 내야만 했다. 그래도 140유로로 바르셀로나를 가게 되었으니 다행이라면 다행이었다.


## 화산 폭발했을 때 죽은 시신, 뼈까지 그대로 남아 있어
### 밤배를 타고 지중해를 건너 스페인 바르셀로나로 향해

　기차를 타고 폼페이에서 내렸다. 전날 포지타노 갈 때 탔던 기차와 같은 기차였다. 아내보다 늦게 도착했다고 생각하고 빠른 걸음으로 돌아봤다.

　날씨가 화창해 땀이 다 났다. 오후 1시 약속한 장소로 갔더니 공사 중이어서 폐쇄되었다. 그 앞에 앉아서 20분쯤

**폼페이 화석** 두개골과 치아가 그대로 있다.

폼페이 벽화

더 기다린 다음에야 아이들과 아내가 왔다. 숙소에서 늦게 나온 데다 정거장을 지나쳐 늦어졌댔다. 오히려 내가 안내를 하면서 구경시켜 줬다.

그대로 굳어버린 사람들이 놀라웠다. 두개골과 뼈, 치아까지 그대로 남아 있었다. 한 직원이 용암이 아닌 화산재에 덮여 죽었기 때문에 그대로 남아 있는 것이라고 설명했다. 하지만 이들의 몸통은 석회다. 나중 책에서 확인한 바로는 화산재에 구멍을 뚫어 석회를 바르고 깨뜨려 현재 전시되고 있는 몸통을 만든 것이란다.

이 직원 역시 잠깐 안내해준 대가로 대놓고 커피값을 요구하며 한동안 따라오기까지 했다. 관광지 엽서에서 베수비오 화산의 항공사진을 보니 폼페이가 동쪽이라면 북쪽과 서쪽으로만 용암이 흐른 흔적이 있다. 즉, 용암의 피해는 전혀 입지 않았다는 말이다. 다만 화산재와 연기 등으로 질식해서 숨진 시신 위로 어마어마한 화산재가 쌓여 묻혀버린 것이다.

4시 기차를 타고 나폴리로 와 치비타베키아행 기차표를 끊었다. 1인당 예약비가 3유로였다. 신기했다. 이탈리아에서는 거리에 상관없이 예약비는 무조건 10유로라고 들었는데, 아무튼 남는 장사이므로 즐거운 마음으로 예약했다.

시간을 보니 민박집에 가서 짐을 가져와 타기에 빠듯했다. 처음부터 뛰다시피 가서 짐을 끌고 거의 뛰어와 기차를 탔다. 언제나 좀 여유 있게 기차를

**채은이의 일기**

폼페이는 얼마나 보존 상태가 좋았으면 그림까지 다 남아 있을까 신기했다. 가장 기억에 남는 건 화산 폭발로 죽은 사람들의 시신과 식당 그리고 비극 시인의 집이다. 화산 폭발로 죽은 사람들은 하나같이 숨을 쉴 수가 없어 괴로워하다가 죽은 것 같았다. 그중에는 괴로운 표정으로 죽은 개도 있었고 자다가 죽음을 맞이한 사람도 있었다. 어떤 사람은 표정과 혀, 이까지 남아 있었다.

식당은 옛날 폼페이 사람들이 밥을 먹은 곳이다. 당시 사람들은 주로 밖에서 음식을 먹었다고 한다. 음식을 만들기 위한 동그란 화덕 자리가 대리석으로 만든 가스레인지 불구멍처럼 보였다. 잘 닦으니 대리석 색깔도 보였다. 빨강, 파랑, 노랑으로 장식된 게 정말 알록달록했다. 비극 시인의 집에서는 '개 조심' 문구가 가장 기억에 남는다. 모자이크로 개 그림을 만들고 그 밑에 개 조심이라는 뜻의 'CAVE CANEM'이라고 써넣었다.

내가 시간이 멈춘 도시 폼페이에 온 게 매우 기뻤다. 한국에서 폼페이에 관한 책을 읽고 '참 신기한 도시다. 꼭 한번 가 보고싶다'고 생각했는데 소원이 이뤄지리라고는 꿈에도 몰랐다.

**스페인으로 향하는 배 위에서** 지중해의 석양을 배경으로 한 컷.

타보나. 중간에 로마에서 안 내려서 좋았지만 장을 못 본다는 게 마음에 걸렸다. 무려 20시간이나 가야 하는데.

한참을 달려 치비타베키아 역에 도착하니 8시 반이었다. 밥은 먹어야겠기에 터키식 식당에 들어가 피자와 감자튀김, 돼지고기 등을 시켜 먹었다.

여기는 앞서 터키식 식당보다 더 쌌다. 물도 몇 개 더 사고 짐을 끌고 배가 보이는 곳으로 갔다.

셔틀버스가 있기에 탔더니 여자 운전사가 완전 여유였다. 한 10분을 기다리다가 내가 가야 하지 않겠냐고 하니까 그제야 동료와의 대화를 끝내고 차를 몰았다.

짐을 내리고 또 뛰다시피 배 안으로 들어갔다. 마지막으로 탑승한 것 같았다. 숙소에 들어가자마자 짐을 정리하고 씻고 잠이 들었다. 배 안에서 자는 것도 추억이라고 생각했다.

뭐가 하나 풀린다 싶으면 어김없이 하나가 잘못된다. 이게 여행의 묘미가 아닌가 싶다. 프랑스에서는 즐겁게 보내다 기차표를 구하지 못해 이틀을 더 묵었고, 스위스에서는 경치는 좋았지만 민박집이 너무 추워 고생했다. B&B 하우스를 싸게 구해 좋았던 베네치아에서는 빈대에 시달렸고, 비교적 싸게 스페인으로 가게 되어 좋아했던 이번에는 최악의 연착이라는 불행을 겪어야 했다.

어차피 할 게 없었으므로 최대한 늦게까지 잤다. 10시가 넘어서 일어나 아침 겸 점심을 먹고 밖으로 나갔다. 날씨는 맑았지만 바람이 엄청 셌다. 갑판에서 바람을 맞으며 아내와 아이들이랑 놀았다. 팔을 벌리고 바람을 받는 품이 마치 영화 〈타이타닉〉 같았다.

갑판 카페에서 커피도 한 잔 마시면서 여유를 부렸다. 동양인은 거의 없었다. 8시에 도착 예정이므로 저녁은 민박집에서 먹기로 하고 빵으로 가볍게 요기를 했다. 배에는 조그만 카지노가 있었지만 슬롯머신뿐이었다.

### 11월 17일 비용

| 12유로 | 기차 예약 |
| --- | --- |
| 142유로 | 바르셀로나행 카페리 |
| 16유로 | 점심 |
| 19.5유로 | 저녁 |

# Estado Espanol

# 스페인

## 스페인 일정_3일

11월 18일_바르셀로나 도착 19일_구엘 공원-산파우 병원- 카사바트요-

카사밀라-성가족 성당 20일_민속촌-성가족 성당-마드리드-귀국

# 20시간을 가고 안개 때문에 다시 4시간을 기다려

## 예상대로 안 되는 것이 배낭여행의 묘미이자 기쁨

**바르셀로나행 카페리호의 선실** 불편하지 않았다.

도착할 시간이 거의 다 되어가자 흐리고 비가 내렸다. 조짐이 안 좋았다. 아니나 다를까 바르셀로나 항을 코앞에 두고 페리가 멈춰 섰다. 안내방송이 잘 안 들려 승무원한테 물어보니 안개가 껴 접안을 할 수 없댔다. 이런 일이 별로 없는데, 운이 없다고 했다. 그럼 언제 내릴 수 있겠느냐니까 알 수 없댔다. 안개가 걷혀야 한다고 했다. 할 수 없이 짐을 다 싼 채로 통로에서 앉았다 섰다, 나갔다 들어오기를 반복하면서 시간을 보냈다. 두 시간쯤 지났을까 20유로짜리 저녁 식사를 10유로에 제공한다는 안내방송이 나왔다. 어차피 민박집에서 저녁 먹기는 틀렸다고 보고 저녁을 먹었다. 기분이 나빠서 그런지 저녁을 먹고도 소화가 잘 되지 않았다. 그때 한국인 유학생을 한 명 만났다. 아내는 우리가 한국인이라는 걸 알면서도 지금껏 어떻게 저렇게 말 한마디 안 붙일 수 있었냐고 무척 불쾌해했다.

그 뒤로 한 시간쯤 더 지나자 이번에는 어린이가 있는 손님들은 캐빈으로 다시 들어가라고 했다. 오늘 내리기는 틀렸나 보다 생각하고 1박 하는 데 50유로 저녁 40유로에 물값 10유로 밖에 안 들었으니 행운이라고 생각하고 다시 씻고 자리에 누웠다. 아이들은 곧장 잠이 들었다. 나도 자려는데 밖에서 승무원들이 문을 마구 두드렸다. 왜 그러냐고 했더니 접안이 가능해졌으니 내리라고

**구엘 공원의 다리 밑 구조물** 친환경 건축의 정수다.

했다. 시계를 보니 12시가 다 되었다. 그래서 여기서 자면 안 되느냐고 물었더니 안 된다고 했다. 승객을 내려놓고 배가 다시 외해로 빠진다고 했다. 아마 접안비용을 안 내려고 배가 외해로 나갔다가 탑승시간에 다시 들어오는 것 같았다.

자는 애들을 어렵사리 깨워 내렸다. 승무원 중 하나가 셔틀버스가 우리 민박집이 있는 지하철 역가지 데려다 준다고 해 안심하고 있는데 어럽쇼, 셔틀버스는 바로 앞 지하철 역에서 모두 내리게 한 뒤 돌아가는 게 아닌가. 말이 다르다고 항의했더니 그런 말 한 적이 없댔다. 자기는 그런 지시를 받은 바 없고 그렇게 해본 적도 없다고 했다.

울화통이 터지는 걸 참고 택시를 탔다. 15유로쯤 나왔다. 전화를 했더니 여주인이 나왔다. 숙소에 들어가니 1시가 넘었다. 주인은 연착이 워낙 자주 있는 일이라 으레 늦을 걸 예상하고 그냥 잤다고 했다. 아내와 같은 마산 아주머니였다. 너무 늦어 씻자마자 잠이 들었다. 아무리 생각해도 스페인은 일정에서 빼는 것이 좋았을 거라는 생각이 들었다.

　버스를 타고 구엘 공원에 갔다. 그 특이함이란. 돌담을 어떻게 저렇게 쌓을 생각을 했을까 신기했다. 한가운데 공원에 갔더니 타일을 모두 깨뜨려 모자이크 처리했다. 나중에 듣기로, 폐타일이 모자라 고가의 타일을 주문해 일부러 깨뜨려 쓰기도 했단다. 공원에는 외국인들도 많이 모여 있었다. 한국 단체여행객도 눈에 띄었다. 그런 사람들을 노린 노점상이 한 3분의 1은 되는 것 같았다. 구엘 공원 앞의 관광안내소와 매점 건물도 독특했다. 다시 한 번 느끼지만 어떻게 저런 상상력을 발휘할 수 있는지 신기했다.

### 11월 18일 비용

| | |
|---|---|
| 15유로 | 택시비 |
| 40유로 | 식사 |
| 14유로 | 간식 |
| 180유로 | 숙박비 |

# 구엘 공원 거쳐 산파우 병원, 성가족 성당 둘러봐

## 한 번도 당해본 적 없는 소매치기 처음 맞닥뜨려

구엘 공원에서 다시 버스를 타고 산파우 병원으로 갔다. 그 병원에서 성가족 성당까지 내려가는 길에 가우디의 대표적 건물이 몇 개 더 있었기 때문이었다. 성가족 성당으로 가면서 그 건물들을 살펴볼 생각이었다.

그 병원 역시 하나의 예술품으로 인정받기에 모자람이 없었다. 병원 앞에서 사진 한 장을 찍고 대로를 따라 성가족 성당을 향했다. 병원에서 멀리 성가족 성당이 보였다.

**바르셀로나 거리의 한 주택** 가우디에 밀려 이런 멋있는 집조차 명함도 못 내민다.

걸어가다 식사를 하기로 하고 민박집 아주머니가 추천한 식당으로 가는데 주머니가 이상해 뒤를 돌아다보니, 한 젊은 놈이 내 바지 주머니를 뒤져 수첩을 꺼내는 게 아닌가. 깜짝 놀라 "뭐하는 거야! 이 ××" 했더니 흘깃 처다보더니 아무 일 없다는 듯이 그냥 갔다. 이탈리아에서도 당하지 않았던 소매치기를 이곳에 와서야 당하다니. 한편으로 나 같은 놈을 노린 소매치기도 참 바보 같다고 생각했다. 참고로 돈은 모두 아내가 갖고 다녔고 나는 동전으로 10유로 정도만 갖고 다녔다.

점심을 맛나게 먹고 다시 길을 나섰다. 우리는 물을 항상 갖고 다녔기에 음료는 거의 사지 않았다. 식당에서도 있는 컵에 물을 따라 마시거나 그냥 물병을 입에 대고 마셔도 뭐라 그러는 사람은 없었다. 다소 예의에는 벗어나는 걸로 알고 있지만 외국인 관광객 차림이어서 그런지 다들 이해하는 분위기였다.

가우디가 지은 카사바트요와 카사밀라를 곁에서만 봤다. 입장료가 꽤 비싸기도 했거니와 관광객들이 그냥 밖에서 사진만 찍어대는 것 같아서 우리도 '안에는 뭐 별거 없나 보다' 하고 생각했다. 그 들은 안을 구경하고 나와 밖에서 휴식을 취하면서 나중 계획을 짜고 있는 거라는 건 나중에 알았다. 사진을 찍고 거리를 걸으며 여러 건물을 봤다. 아기자기하게 꾸며진 건물들이 상당히 많았다. 가우디가 위 건물 중 한 건물을 지을 때 높이 제한에 걸린 것을 공무원들이 법을 스스로 어겨가며 건축허가를 내줬다더니 과연 수수하면서도 독특한 매력이 가득했다.

그중에서도 성가족 성당은 압권이었다. 옥수수 모양의 첨탑과, 큰애의 표현을 따르면 아이스크림이 녹아내리는 듯한 입구, 독특하게 빚어진 조각 등.

해가 떨어진 뒤 곧바로 어두워진 데다 피곤하기도 해 민박집에 들어가니 아주머니가 왜 내부를 안 봤냐고 야단쳤다. 참고로 민박집 주인과 아내는 동향이어서 금세 친해졌다. 아주머니가 자기 애들 친구들이 놀러 와 저녁을 해 줘야 하니 이참에 우리 애들도 저녁을 챙겨주겠다고 해 바르셀로나 민박집은 아침만 주고 저녁은 주지 않는 집이 많다 아내와 둘이 거리를 걷기 위해 나왔다. 그러다 바르셀로나 역에 다음 날 기차표를 예매하기 위해 들렀는데 무려 1시간을 기다려야 했다. 하루 더 감상하기 위해 일부러 밤 12시 완행기차를 끊었다.

기다리는 동안 바로 앞 슈퍼에 가서 포도주와 빵, 과자 등을 사서 다음 날

카사바트요

먹기로 했다. 숙소에 돌아오니 애들이 숙소에 있는 만화책에 푹 빠져 있었다. 애들과 나는 잠이 들었는데 아내와 아주머니가 밖에서 도란도란 얘기하는 소리가 새벽까지 이어졌다.

### 11월 19일 비용

| | |
|---|---|
| 8유로 | 버스비 |
| 26유로 | 점심 |
| 25.5유로 | 간식 |
| 12유로 | 기차 예약비 |

# 성가족 성당은 그야말로 예술혼의 집합체
## 유레일패스 만료되었는데 아내가 상황 뒤집어

아침에 민속촌에 갔다. 긴소매 옷을 허리춤에 차고 갔는데 가는 길에 어디 선가 떨어뜨린 것 같았다. 날씨가 추워져 오들오들 떨었다. 민속촌은 각 지 방의 특색 있는 건물 형태를 축소해 지은 건물로 구성되었다. 지도에 체험 코너가 많았는데, 실제 체험이라기보다는 수작업을 하는 모습을 볼 수 있게 한 것이었다. 유리잔 만드는 모습이 제일 신기했다. 이곳 유리 공방은 스페 인에 마지막 남은 공방이란다. 도자기야 우리나라에서는 비교적 흔한 모습 이고, 그 밖의 장신구나 자수하는 모습 등도 별 신기할 게 없었다. 우리나라 민속촌처럼 시대나 생활상이 아주 차이 나는 것이 아니어서 20유로가 아깝

### 아내의 감성 포인트

여행이 막바지로 향하면서 힘든 가운데 아쉬움이 묻어난다. 남편이 1달 준비한 여 행이 만족스럽지 못하다. 여자가 뭘 원하고 뭘 찾는지 전혀 눈치를 채지 못한다. 그저 한 군데라도 더 보고, 한 도시라도 더 가보려는 게 답답하다. 여행인지 훈련인지 구별 이 안 간다. 이삼 일에 한 번은 분위기 좋은 카페에 들러 커피도 마시고 그 지역 특색 음 식을 여유 있게 즐겼어야 했는데. 분위기 좋은 호텔 테라스에서 포도주를 마시며 어스 름 석양에 변해가는 도시 풍경도 즐겼어야 했는데. 나도 남편의 서두름과 아이들에게 좋은 그림, 멋진 건물 하나 더 보여주려는 생각에 그만 일정을 다 보내버리고 말았다. 홧김에 남편에게 다음 여행 때는 애들하고만 다녀오겠다고 했다.

여행 계획을 짜고 가족의 안전을 책임지느라 고생한 남편을 모르는 건 아니지만 어 쨌든 속이 상했다. 또 하나, 여행은 아는 만큼 보인다. 다음 여행 때는 대상지 소개 책 자를 섭렵해 훨씬 알뜰하고 재미있게 다녀오고 싶다.

다는 생각이 들었다.

준비해 간 빵과 잼, 과일 등으로 점심을 때운 뒤 성가족 성당에 다시 갔다. 어른은 각 11유로, 채은이는 8유로였다. 내부에서 엘리베이터를 타고 전망대로 올라가는데 4명이 7.5유로를 추가로 지불했다.

**성가족 성당 내부 기둥** 이런 걸 상상한 가우디는 도대체 어떤 사람이었을까.

내부는 공사 중이라 돌먼지가 많이 날리고, 무엇보다 시끄러웠다. 한쪽 구석에 울타리를 쳐 놓아 들여다보니 실제 미사가 진행되는 장소로 쓰고 있었다.

내부 역시 외부만큼이나 독특했다. 기둥 하나 예사롭지 않았다. 기둥을 자세히 보니 아래부터 위까지 4면에서 8면, 16면 이런 식으로 깎아냈다. 내부

**성가족 성당에서 걸어 내려갈 때 만나게 되는 달팽이 계단** 보기보다 아찔해 심장이 약한 사람은 조심해야 한다.

를 보면서, 온통 돌로 되어 있는데 벽화는 어떻게 할까 하는 의문이 생겼다. 바티칸의 성 베드로 대성당처럼 모자이크로 벽화를 처리할까.

전망대에서 본 꼭대기 모습도 멋있었다. 과일 모양의 장식이나 조각, 글자, 꽃모양 장식 등 정감이 느껴졌다.

계단으로 내려오는 길이 중간에 벽이 없이 트인 나선형 계단으로 변하자 아내와 큰애가 기겁을 했다. 작은애와 나는 아무렇지도 않게 내려오는데 큰

성가족 성당의 조각

애는 거의 울먹이면서 기다시피 내려왔다. 아내도 무서운 것을 억지로 참고 있는 것 같았다.

1층의 가우디 박물관에서 보니 가우디의 역작이 더 위대해 보였다. 천사조각상 하나 만들기 위해 실제 여자를 줄에 매달아 보고 만들었다고 하니 정성이 대단했다. 설계 하나하나가 정말 예술이었다. 바르셀로나는 가우디라는 위대한 건축가 하나가 먹여 살리는 것 같았다. 적어도 관광객에게는 그렇게 느껴졌다. 거리의 엽서도 온통 가우디 건물뿐이었다.

숙소에 들러 맡겨놓았던 짐을 찾아 바르셀로나 역으로 갔다. 역 앞 슈퍼에서 저녁을 먹는데 자꾸 맥주 안 시키느냐고 물어봐 한 잔을 시키니 젊은 종업원이 참 좋아했다. '맥주값을 비싸게 받나?' 가방 안에 맥주가 있지만 그냥 시켜서 아내와 나눠 마셨다.

역으로 돌아와 빈둥거리다 체크인 시간이 되어 표 검사를 받는데 희한하게 여기서만 기차를 타기 전에 표를 검사했다 역무원이 우리더러 유레일패스가 어제부로 만료가 되었다고 했다. 다시 가서 기차표를 끊으란다. 새로 끊으려면 1인당 3유로가 50유로로 바뀐다. 더구나 10분이면 기차가 떠나는데 행여나 놓치게 되면 다음 날 고속열차를 타야 했다. 그러면 1인당 150유로였다. 난 정신이 번쩍 나 최악의 상황을 피하기 위해 서둘러 매표소로 가려는데 아내가 따졌다. "어제 예약하는데 매표소 직원이 예약권을 발행했다. 어제 이 사실을 알았다면 오늘 낮에 떠났을 것 아니냐. 당신네 잘못도 있다"고 따졌더니, 여자 직원이 무선 교신을 한두 번 하더니 타랬다.

참 대단한 아내다. 이날 저녁 귀가하는 길에 지하철을 기다리는데 누가 뒤에서 밀기에 그런가 보다 했더니, 아내가 소매치기가 내 주머니를 뒤졌댔다. 두 번째 소매치기였다. 지하철을 타더니 아내가 큰 소리로 "네가 주머니에 손 넣는 것 봤다. 이 나쁜 놈아" 하면서 크게 소리쳤다. 나도 노려보니 젊은 두 친

**바르셀로나의 한 거리 의자** 생활도 얼마든지 예술이 된다.

구도 맞받아 노려봤다. 잠깐 겁이 났지만 젊은이들은 다음 역에서 내리면서 뭐라 뭐라 투덜거리며 사라졌다. 한 할머니가 다가오더니 몸짓으로 소매치기를 조심해야 한다고 걱정해줬다.

조그마한 덩치에서 어떻게 그런 기백이 나오는지 내가 부끄러웠다.

### 11월 20일 비용

| | |
|---|---|
| 20유로 | 민속촌 입장료 |
| 26,5유로 | 성가족 성당 입장료 |
| 40유로 | 저녁 |
| 16유로 | 간식 |

# 귀국행 비행기 타러 밤 기차를 타고 마드리드로

**두 번째 여행은 잘할 수 있다는 자신감 충만**

기차는 컴파트먼트 6인실이었다. 짐을 올리고 자리에 앉아 "휴" 하고 한숨을 돌렸다. 다행히 두 사람이 타지 않아 이 칸에 우리만 타고 갈 수 있게 되었다. 컴파트먼트 의자를 침대처럼 완전히 젖힌 뒤 잠이 들었다. 컴파트먼트는 잠금장치가 없어 바깥쪽에 내가 자고 아이들은 안쪽에 눕게 했다. 안내책에서 컴파트먼트에서 잘 때는 스카치테이프로 문을 붙여놓으면 도둑이 문을 열다 '찍' 소리를 듣고 도망간다고 되어 있었는데, 우리는 미처 스카치테이프를 준비하지 못했다. 항상 당해야 생각이 난다.

기차 전체가 금연인데 담배 냄새가 문틈으로 솔솔 들어왔다. 옆칸에서는 장사꾼들로 보이는 나이 든 사람들이 잠도 안 자고 떠들었다. 귀국한다는 생각에 별로 짜증스럽지도 않았다. '다 추억일 뿐이다.'

아내와 아이들은 세상 모르고 잤다. 큰애는 워낙 튼튼해서 그렇다 치고 작은애가 걱정이었는데 감기 한 번 안 걸리고 잘도 따라와 줬다. 지하철에서 서서 잘 정도로 피곤했는데도 짜증 한 번 안 냈다. 정 피곤하다고 하면 잠깐 잠깐 업어줬을 뿐이다.

무거운 배낭을 메고 짐도 끌면서 어른 역할을 한 큰애는 정말 대견했다. 먹을 거만 보면 환하게 웃던 모습이 찡하게 되살아났다.

무엇보다 감기에 걸리고도 여행 막판에 많은 일을 스스로 헤쳐 나간 아내가 고마웠다. 다음번에는 배낭여행 말고 배부르게 먹고 편하게 잘 수 있는 맞춤형 여행을 시켜줄 생각이다. 한국에 돌아가 하는 새 사업이 잘되기를 빌

뿐이었다.

마드리드 역에 내려 지하철을 타고 공항으로 향했다. 출근하는 사람들로 만원인 지하철을 비집고 들어갔다. 공항이 비교적 가까워서인지 일반 1회권보다 단 1유로가 비쌌다. 지하철에서 내려 공항으로 갔다. 내부로 들어가기 전까지 쉴 만한 의자가 보

바르셀로나의 티켓 발매기

이지 않았다. 좀 쉬었다가 들어가려고 했는데 다리가 아파 일찍 들어가기로 했다. 그러려면 액체를 다 버려야 했다. 아내와 나, 아이들이 남은 주스며 사과, 오렌지를 꾸역꾸역 먹었다. 과일은 안 버려도 되는데 그것도 모르고 먹다 먹다 지쳐, 남은 것은 버리고 가방을 챙겨 출입국사무소를 통과했다.

모든 고통도 지나고 나면 다 추억이 된다. 남자들이 군대 얘기를 많이 하는 것은 그만큼 고통스러웠기 때문일 것이다. 지나고 나니 그 고통을 극복한 것이 자랑스럽기도 하기 때문일 것이다.

잘 못 먹고, 잘 못 자고, 잘 못 본 유럽여행이었다. 아내가 비행기 안에서 다음 해에도 유럽여행을 하자고 했다. 다음번에는 너무나 잘 할 수 있을 거 같다고 했다. 한 해에 한 나라씩 돌아보겠다. 내가 "돈은?" 하고 묻자 미소가 싹 사라졌다. 역시 아내는 살림꾼이었다.

돌아보니 두 애들은 벌써 꿈나라에 빠졌다. 루프트한자 항공이지만 여객기 내 대부분이 한국인이었다. 한국말 소리가 정다웠다. 잠이 오지 않아 영화를 거의 다 보고 나서야 까무룩 잠이 들었다.

2009. 10. 28 (수)

시간: (파리 시간으로) 11시 12분 11초 / 날씨: ☁

기분: 피로함 😑 오후

제목: 아홉째 날

오늘은 ⑩ 노트르담과 루브르에 갔다. 노트르담은 ⑨ 내가 사는 올림공원 옆에 있는 요한 성당과는 비교도 안 되게 크고, 멋지고, 깊은 역사를 지닌 곳이었다. 난 여태까지 요한 성당은 정말 멋진 성당이라고 생각해 왔는데……

노트르담은 1455년 잔 다르크 명예회복 재판, 1572년 앙리 4세와 마르그리트 왕녀의 정략결혼, 나폴레옹의 대관식, 미테랑 전 대통령의 장례식 등 중요한 많은 일들이 치러졌던 곳이었다. 그리고 빅토르 위고의 (노트르담의 꼽추)의 배경이 되기도 한, 정말 깊은 역사를 지닌 곳이다. 노트르담 대 성당을 보고 있자니, 나는 자꾸 요한 성당 생각이 났다. 프랑스 파리 앞에서 한없이 작아지는 대한민국이여~!!

루브르는 저번에 갔었지만 규모가 너무 커서 다 구경하지 못했기 때문에 요번에 또 간 것이다. 우리 가족은 'Museum Pass'가 있어서 공짜로 루브르에 들어갈 수 있었다 (뮤지엄 패스 정말 편함! 적극 추천). 다시 봐도 루브르는 정말 크고 멋진 곳이다. 하긴, 한때 이곳이 궁이었다고 했으니까. 루브르에서 구경한 그림을 빼고 후딱 둘러봐서 2시간만에 (저번에) 루브르 안에 있는 그림을 모조리 구경했다. 내가 이 큰 박물관에 있는 그림을 다 구경해보다는 게 도무지 믿어지지가 않았다.

# 여행 일정표 붉은색은 취소된 일정 녹색은 추가된 일정

(실제 여행 일정과 약간의 차이 있음, 실제 여행일정은 본문 참조)

### 영국(런던 / 4일)

*1* 런던 : 국회의사당 ( 빅벤 ) - 웨스트민스터 - 세인트제임스 공원 -
버킹엄 궁 - 트라팔가르 광장 - 국립미술관 - 레스터 광장 - 런던 아이
*2* 대영박물관 - 하이드파크 - 과학박물관 - 자연사박물관 - 노팅힐
*3* 런던 타워 - 타워브리지 - 세인트폴 대성당 - 뮤지컬 관람
*4* 옥스퍼드 - 테이트모던 미술관 - V&A 박물관 = 유로스타 타고
파리로 이동

### 프랑스(일드프랑스 주 / 7일)

*5* 파리 : 오랑주리 미술관 - 오르세 미술관 - 로댕 미술관 - 전쟁박
물관
*6* 베르사유 - 몽마르트르 - 몽마르트르 묘지 - 사크레쾨르 성당 - 오
르세 미술관
*7* 루브르 박물관 - 퐁피두 센터
*8* 시청사 - 노트르담 - 생트샤펠 - 오르세 미술관
*9* 개선문 - 샹젤리제 - 콩코르드 광장 - 오페라 가르니에 - 에펠 탑
*10* 루아르고 성 - 지베르니
*11* 몽셀 미셸 - 방부 벼룩시장 - 오베르쉬르우아즈 = 기차 타고 루
체른으로 이동

### 스위스(루체른, 인터라켄, 취리히 / 3일)

*12* 루체른 : 카펠교 - 슈프로이어 다리 - 무제크 성벽 - 빈사의 사자
상 - 교통박물관
*13* 리기 산 등정 ( 스티펠 - 리기칼트바트 하이킹 ) = 인터라켄으로
이동
*14* 인터라켄 : 융프라우요흐 등정 - 하르더쿨름
*15* 인터라켄 = 기차타고 취리히 거쳐 잘츠부르크로 이동

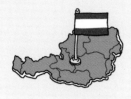

### 오스트리아(빈 / 3일)
*16* 대성당 - 잘츠부르크 성 미라벨 정원 - 모차르트 하우스 - 쇤브룬 궁전
*17* 빈 : 카를 광장 - 오페라 극장 - 슈테판 성당 - 피가로 하우스 - 호프부르크 왕궁 - 미술사박물관 - 자연사박물관
*18* 쇤브룬 궁전 - 카를 교회 - 벨데베레 궁전 - 제체시온 - 빈 대학 ＝ 야간열차 타고 베네치아로 이동

### 이탈리아(베네치아, 피렌체, 피사, 로마, 폼페이/8일)

*19* 베네치아 : 산타루치아 - 산마르코 광장 - 산마르코 대성당 - 탄식의 다리 - 아카데미아 미술관
*20* 곤돌라 탑승 ＝ 피렌체로 이동 2시간 50분 소요
*21* 피렌체 : 산타마리오 노벨라 교회 - 아카데미아 미술관 - 두오모 - 피렌체 성당 - 산조반니 세례당 - 시뇨리아 광장 - 미켈란젤로 광장
*22* 우피치 미술관 - 베키오다리
*23* 피사의 사탑 ＝ 로마로 이동 2시간 30분 소요
*24* 로마 : 테르미니 역 - 콜로세움 - 콘스탄티노 개선문 - 포로 로마노 - '진실의 입' - 대전차 경기장 - 캄피돌리오 광장 - 베네치아광장 - 트레비 분수 - 나보나 광장 - 스페인 광장
*25* 바티칸 - 성 베드로 대성당 - 판테온
*26* 소렌토 - 포지타노 - 아말피 - 폼페이 ＝ 15일 저가항공으로 바르셀로나로 이동, 배로 이동

### 스페인(바르셀로나/6일)

*27* 바르셀로나 : 카탈루냐 광장 - 카사바트요 - 카사밀라 - 성가족 성당 - 구엘 공원 - 미로 미술관 - 벨 항구
*28* 대사원 - 왕의 광장 - 피카소 미술관 - 람블라스 거리 - 민속촌 마드리드로 이동 2시간 50분 소요
*29* 마드리드 : 푸에르타델솔 - 산페르난도 아카데미 미술관 - 산프란시스코엘그란데 교회 - 왕궁
*30* 프라도 미술관 - 소피아 왕비 센터 - 시벨레스 광장
*31* 세고비아 : 알카사르 - 대사원 ＝ 마드리드 출발 - 인천 도착

# 방문했던 국가와 도시

## 숙박기록

영국 런던 : 4박 5일　트래블로지 호텔 77만 원
프랑스 파리 : 7박 8일　노보텔 130만 원
　　　　　　　　　　+ 2박 3일 추가(229유로+택스 14유로)
스위스 인터라켄 : 3박 4일　해피인 155스위스프랑
오스트리아 빈 : 2박 3일　호텔 휘텔도르프 136유로+세탁 6유로
이탈리아 베네치아 : 2박 3일　B&B로타 179유로 + 예약비 8유로
이탈리아 로마 : 3박 4일　민박 밥앤잠 330유로 + 세탁 3유로
이탈리아 나폴리 : 2박 3일　소나무 민박 190유로
스페인 바르셀로나 : 2박 3일　민박 180유로
야간 이동 3일

## 출금기록

## 총비용

10월 19일 :　90만 원
10월 25일 :　54만 원, 58만 원
10월 31일 :　89만 원
11월 3일 :　59만 원, 59만 원
11월 5일 :　58만 원
11월 9일 :　88만 원
11월 10일 :　88만 원
11월 11일 :　88만 원
11월 15일 :　87만 원
11월 16일 :　12만 원
11월 19일 :　17만 원

= 총 847만 원

항공료 :　400만 원
유레일패스 :　320만 원
유로스타 :　46만 원
숙박비 :　435만 원
기차 예약비 및 지하철, 버스비 :　167만 원
식비 :　224만 원
관광지 입장료 및 기념품 구입비 :　77만 원
잡비 :　154만 원

= 총계 1,823만 원

영수증을 최대한 모으고 통장 인출 기록, 카드 사용 기록을 토대로 작성한 것이지만
일부 자료가 누락되고 확인이 안 되는 것이 있어 다소 착오가 있을 수 있다.

## 이범구 · 예은영 · 이채은 · 이시현

우리 가족은 심각하기보다는 즐겁게 살려고 노력하는 편이다. 아이들에게도 한두 번 얘기해서 듣지 않으면 본인이 선택한 것이니 나중에 그에 따른 책임을 지라고 요구한다. 그래서 아이들은 원하는 것만 학원 수업을 받는다. 큰애는 수학, 작은애는 피아노, 태권도 등 주로 예체능만 다닌다.

아빠는 한국일보 기자를 그만두고 사업을 하다 여의치 않아 다시 본업으로 복귀했다. 여의치 않다는 것을 심각하게 표현하면 망했다는 것이다. 현재 경기 본부장으로 재직 중이다. 엄마는 영어학원 강사를 했다가 지금은 평범한 주부이다. 다음번 유럽여행은 꼭 혼자서 가겠다는 당찬 포부를 품고 있다. 낭만을 모르는 남편과 함께 가는 것보다는 훨씬 잘할 자신이 있다고 한다.

큰애는 어느덧 중3이 돼 거울 보는 시간이 많아졌다. 유럽여행을 갔다 온 탓인지 세계사랑 미술이 쉬워졌단다. 작은애는 초등학교 5학년이다. 유럽여행 때는 너무 어려 주로 재미있는 기억만 간직하고 있다.

우리 가족은 작은애가 대학에 진학하면 이번에는 유럽인의 실생활을 직접 체험할 수 있도록 관광지가 아닌 곳 위주로 여행해 볼 생각이다. 꼭 유럽이 아니어도 말이다.

꿈은 이루어진다고 믿는다. 가끔은 안 이루어져도 탓할 바 아니다. 그게 인생이고, 여행은 인생의 축소판이지 않은가.

가족과
함께 떠나는
**유럽 배낭여행**

ⓒ 이범구, 2012

지은이 | 이범구 · 예은영 · 이채은 · 이시현
펴낸이 | 김종수
펴낸곳 | 도서출판 한울
편집책임 | 이교혜
편집 | 조수임

초판 1쇄 인쇄 | 2012년 8월 14일
초판 2쇄 발행 | 2014년 1월  3일

주소 | 413-756 경기도 파주시 파주출판도시 광인사길 153 한울시소빌딩 3층
전화 | 031-955-0655
팩스 | 031-955-0656
홈페이지 | www.hanulbooks.co.kr
등록 | 제406-2003-000051호

Printed in Korea.
ISBN 978-89-460-4802-7 03980

*책값은 겉표지에 표시되어 있습니다.